Marwa Ezzat

Commande Sans Capteur De La Machine Synchrone A Aimants Permanents

Marwa Ezzat

Commande Sans Capteur De La Machine Synchrone A Aimants Permanents

Élaboration des observateurs ainsi que des lois de commande non linéaires pour la machine synchrone à aimants permanents

Presses Académiques Francophones

Impressum / Mentions légales
Bibliografische Information der Deutschen Nationalbibliothek: Die Deutsche Nationalbibliothek verzeichnet diese Publikation in der Deutschen Nationalbibliografie; detaillierte bibliografische Daten sind im Internet über http://dnb.d-nb.de abrufbar.
Alle in diesem Buch genannten Marken und Produktnamen unterliegen warenzeichen-, marken- oder patentrechtlichem Schutz bzw. sind Warenzeichen oder eingetragene Warenzeichen der jeweiligen Inhaber. Die Wiedergabe von Marken, Produktnamen, Gebrauchsnamen, Handelsnamen, Warenbezeichnungen u.s.w. in diesem Werk berechtigt auch ohne besondere Kennzeichnung nicht zu der Annahme, dass solche Namen im Sinne der Warenzeichen- und Markenschutzgesetzgebung als frei zu betrachten wären und daher von jedermann benutzt werden dürften.

Information bibliographique publiée par la Deutsche Nationalbibliothek: La Deutsche Nationalbibliothek inscrit cette publication à la Deutsche Nationalbibliografie; des données bibliographiques détaillées sont disponibles sur internet à l'adresse http://dnb.d-nb.de.
Toutes marques et noms de produits mentionnés dans ce livre demeurent sous la protection des marques, des marques déposées et des brevets, et sont des marques ou des marques déposées de leurs détenteurs respectifs. L'utilisation des marques, noms de produits, noms communs, noms commerciaux, descriptions de produits, etc, même sans qu'ils soient mentionnés de façon particulière dans ce livre ne signifie en aucune façon que ces noms peuvent être utilisés sans restriction à l'égard de la législation pour la protection des marques et des marques déposées et pourraient donc être utilisés par quiconque.

Coverbild / Photo de couverture: www.ingimage.com

Verlag / Editeur:
Presses Académiques Francophones
ist ein Imprint der / est une marque déposée de
AV Akademikerverlag GmbH & Co. KG
Heinrich-Böcking-Str. 6-8, 66121 Saarbrücken, Deutschland / Allemagne
Email: info@presses-academiques.com

Herstellung: siehe letzte Seite /
Impression: voir la dernière page
ISBN: 978-3-8381-7175-3

ÉCOLE CENTRALE DE NANTES

ÉCOLE DOCTORALE

SCIENCES ET TECHNOLOGIES
DE L'INFORMATION ET MATHEMATIQUES

Année : 2011   N° B.U. :

THÈSE DE DOCTORAT

Diplôme délivré par L'École Centrale de Nantes

Spécialité : AUTOMATIQUE ET INFORMATIQUE APPLIQUÉE

Présentée et soutenue publiquement par :

Marwa Mohamed Moustafa EZZAT

le 17 Mai 2011
à l'Ecole Centrale de Nantes

TITRE

COMMANDE NON LINEAIRE SANS CAPTEUR
DE LA MACHINE SYNCHRONE A AIMANTS PERMANENTS

JURY

Président	P. BOUCHER	*Professeur, SUPÉLEC, Paris*
Rapporteurs	J.P. BARBOT	*Professeur des Universités, ECS, ENSEA Cergy*
	M. FADEL	*Professeur des Universités, LAPLACE, Toulouse*
Examinateurs	A. GLUMINEAU	*Professeur des Universités, IRCCyN, Ecole Centrale de Nantes*
	L. LORON	*Professeur des Universités, IREENA, Polytech Nantes*
Membre Invité	J. DE LEON	*Professeur, FIME, UANL, Mexique*

Directeur de thèse : Alain GLUMINEAU
Laboratoire : IRCCyN
Composante de rattachement du directeur de thèse : École Centrale de Nantes
Co-Directeur : Luc LORON
Laboratoire : IREENA
Composante de rattachement du co-directeur : Université de Nantes

Institut de Recherche en Communications et Cybernétique de Nantes   N° ED : 503-126

Table des matières

Table des figures

Liste des tableaux

Avant-propos

Le travail présenté dans cette thèse s'est déroulé au sein de l'équipe commande de l'Institut de Recherche en Communications et Cybernétique de Nantes (IRCCyN). Cette thèse est financée par une bourse du gouvernement égyptien.
Le sujet traité est "Commande Non linéaire Sans Capteur de la Machine Synchrone à Aimants Permanents".

Tout d'abord, je tiens à exprimer mes vifs remerciements à M. Alain GLUMINEAU, Professeur à L'École Centrale de Nantes, pour avoir dirigé cette thèse. Ses grandes qualités pédagogiques et humaines ainsi que ses remarques judicieuses, son soutien, sa gentillesse, sa grande disponibilité m'ont permis de finaliser au mieux ce travail.

Je remercie sincèrement M. Luc LORON, Professeur à l'École Polytechnique de Nantes, pour avoir co-dirigé ce travail. Malgré son agenda très chargé, il a trouvé le temps pour se déplacer à l'IRCCyN pour faire des expériences avec moi. Ses remarques pertinentes et ses précieux conseils m'ont été une aide inestimable.

J'adresse également mes respects et ma gratitude à M. Wisama KHALIL, Professeur à L'École Centrale de Nantes, et à sa famille, à qui je dois beaucoup, tant pour la préparation de ma venue à l'IRCCyN que mon séjour à Nantes au quotidien.

Je tiens également à adresser ma sincère et profonde reconnaissance à M. Jesus DE LEON MORALES, Professeur à l'Université de Nuevo Leon, Mexique pour avoir accepté de participer au jury. J'ai eu la chance de travailler avec lui en France. Sa bonne connaissance dans les domaines étudiés dans ce mémoire a été très importante dans les résultats obtenus.

J'exprime ma profonde gratitude à M. Patrick BOUCHER, Professeur à SUPÉLEC, Paris, pour avoir accepté la présidence du jury.

J'exprime toute ma gratitude envers M. Jean-Pierre BARBOT, Professeur à l'ENSEA et M. Maurice FADEL, Professeur à l'université de Toulouse d'avoir accepté la tâche de rapporter sur mon mémoire de thèse ainsi que de participer au jury.

Je remercie M. Claude MOOG, directeur de l'Équipe Commande, pour m'avoir accueillie au sein de son équipe.

Je remercie M. Robert BOISLIVEAU pour son aide lors de la phase expérimentale des tests des algorithmes élaborés durant cette thèse ainsi que pour la qualité de ses relations humaines.

Je voudrais remercier tous les membres de l'équipe Commande de l'IRCCyN, avec qui j'ai passé d'agréables moments ainsi que tout le personnel de l'IRCCyN. Je remercie tous les doctorant-e-s qui m'ont accompagnée sur le plan scientifique et extra-scientifique : Ayan, Rola, Xiaotao, Charifa, Céline, Maïssa, Nadine, Assade, Mohammed, Joanna, Charbel, Jonathan..., sans oublier personne. En particulier, je dirai encore un grand merci à Dramane TRAORE pour sa grande disponibilité et pour ses réponses claires et instructives à toutes mes questions.

Un grand merci à toutes mes amies égyptiennes : Shaimaa, Fatima , Zahra, Samira, Douaa, Nabiha, Marwa, Lamya... pour nos conversations téléphoniques, leurs soutiens sans faille.

Pour la prunelle de mes yeux, mes filles, Farah "la princesse" et Rahma "la coquine", vos beaux sourires m'ont donné l'énergie de continuer. Vous m'avez toujours demandé "Maman, tu peux jouer avec nous ?" et ma réponse est "Ouiiiiiiiiii".

A mon mari, sans qui rien ne serait possible, la seule personne qui a partagé avec moi les moments d'inquiétude avant ceux de joie, pendant ces longues années de thèse. Son soutien et ses mots m'ont toujours aidée à dépasser les moments difficiles. Il n'y pas de mots suffisamment forts pour lui exprimer ma gratitude. Je le remercie énormément pour la compréhension, la patience et l'amour dont il a fait preuve durant ces années. Je me dois donc de lui dédier personnellement ce travail.

Pour finir, je ne saurais oublier le soutien compréhensif de ma grande famille ainsi que celui de ma belle-famille et tout particulièrement de celles et ceux qui m'ont encouragée, inspirée et soutenue durant toutes ces années de recherche. Je dédie donc ce travail à toute ma famille.

Dédicace

Pour la mémoire de ma mère et de mon père.
J'aurais bien aimé vous voir assister à ma soutenance de thèse.

Nantes, le 17 Juin 2011.
Marwa EZZAT

Notations et Abreviations

$u_s = \begin{bmatrix} u_a, u_b, u_c \end{bmatrix}^T$: tensions statoriques triphasées ;

$i_s = \begin{bmatrix} i_a, i_b, i_c \end{bmatrix}^T$: courants statoriques triphasés ;

$\Psi_s = \begin{bmatrix} \Psi_a, \Psi_b, \Psi_c \end{bmatrix}^T$: flux magnétiques au stator ;

$u_{s\alpha,\beta} = \begin{bmatrix} u_{s\alpha}, u_{s\beta} \end{bmatrix}^T$: tensions statoriques diphasées dans le repère fixe (α, β) ;

$i_{\alpha,\beta} = \begin{bmatrix} i_\alpha, i_\beta \end{bmatrix}^T$: courants statoriques diphasés dans le repère fixe (α, β) ;

$\Psi_{\alpha,\beta} = \begin{bmatrix} \Psi_\alpha, \Psi_\beta \end{bmatrix}^T$: flux statoriques diphasés dans le repère fixe (α, β) ;

$\Psi_f =$: flux de l'aimant permanent ;

$u_{d,q} = \begin{bmatrix} u_d, u_q \end{bmatrix}^T$: tensions statoriques diphasées dans le repère tournant (d,q) ;

$i_{d,q} = \begin{bmatrix} i_d, i_q \end{bmatrix}^T$: courants statoriques diphasés dans le repère tournant (d,q) ;

$\Psi_{d,q} = \begin{bmatrix} \Psi_d, \Psi_q \end{bmatrix}^T$: flux statoriques diphasés dans le repère tournant (d,q) ;

L_{as} : inductances statoriques propres ;
M_{as} : mutuelle inductance entre deux phases stator ;

R_s : résistance statorique ;

L_s : inductance statorique ;

J : moment d'inertie (moteur asynchrone+charge) ;

f_v : coefficient de frottements visqueux ;

$T_l = C_l$: couple de charge ;

p : nombre de paires de pôles ;

Ω : vitesse mécanique de rotation du rotor ;

$\omega_e = p\Omega$: pulsation des grandeurs électriques statoriques ;

θ : position angulaire du rotor ;

$\theta_e = p\theta$: position électrique du rotor ;

$C_{em} = T_e$: couple électromagnétique.

ABREVIATIONS

MSAP   Machine Synchrone à Aimant Permanent
MSAPPL   Machine Synchrone à Aimant Permanent à Pôle Lisse
MSAPPS   Machine Synchrone à Aimant Permanent à Pôle Saillant
FEM   Force Electromotrice
FEME   Force Electromotrice Etendue

Chapitre 1

Introduction

Les machines à aimants permanents ont connu ces dernières années un grand essor. C'est grâce à l'amélioration des qualités des aimants permanents plus précisément à l'aide des terres rares, au développement de l'électronique de puissance et à l'évolution des techniques de commande non linéaire. Les atouts de ce type de machine sont multiples, parmi lesquels nous pouvons citer : robustesse, faible inertie, couple massique élevé, rendement élevé, vitesse maximale supérieure et faible coût d'entretien. Par ailleurs, les aimants permanents présentent des avantages indéniables : d'une part, le flux inducteur est créé sans pertes d'excitation et d'autre part, l'utilisation de ces matériaux va permettre de s'écarter notablement des contraintes usuelles de dimensionnement des machines et donc d'accroître la puissance massique de façon significative. Ce type de machines jouit d'une réputation remarquable dans plusieurs secteurs : servomoteur, transports terrestres (ferroviaire), systèmes embarqués, énergie éolienne.

1.1   Contexte et Objectifs

Les commandes évoluées telle que "la commande vectorielle" nécessitent une connaissance précise de la position du rotor pour assurer un auto-pilotage. Ces informations peuvent être obtenues via des capteurs mécaniques de position. En effet, la présence des capteurs provoque de nombreux inconvénients comme :

* réduction de la fiabilité du système,
* sensibilité additionnelle aux perturbations extérieures,
* câblages supplémentaires entre la machine et son variateur,
* difficulté voire impossibilité d'intégrer de tels capteurs à la périphérie ou à l'intérieur du moteur,
* augmentation significative du coût (dûe essentiellement au capteur de position, à la maintenance en cas de panne du capteur).

Pour des raisons économiques, de sûreté de fonctionnement ou d'une solution dégradée mais fonctionnelle aux applications avec capteurs en cas de panne de ceux-ci, une place primordiale a été réservée aux commandes sans capteur mécanique des machines synchrones à aimants permanents. De ce fait, une solution est l'usage d'observateurs. La synthèse des observateurs dits "capteurs logiciels" qui remplacent les capteurs mécaniques présente une solution prometteuse. L'emploi de ces observateurs est de reconstruire les grandeurs mécaniques non mesurables (vitesse, position) en utilisant exclusivement des grandeurs électriques mesurées (courants statoriques, tensions statoriques) afin de fournir en temps réel les informations requises pour la commande.

Il existe actuellement dans la littérature plusieurs techniques de synthèse d'un observateur non linéaire pour la machine synchrone à aimants permanents. En général, ces approches peuvent être classées en deux catégories :

- approche sans modèle "Injection de signal à haute fréquence".
  Fondée sur la saillance du rotor, cette approche est plutôt appliquée à la MSAPPS. Cela peut être réalisé par injection de signal à haute fréquence (Miranda, 2007). Néanmoins, pour la MSAPPL, la saillance à l'origine de la saturation magnétique dans le fer est faible. Cela rend cette technique sensible aux non linéarités du convertisseur ainsi que celles du circuit magnétique de la machine (Arias, 2007).

- approche basée sur le modèle de la machine :

  * Estimation des forces électromotrices (FEM) pour MSAPPL soit dans un repère tournant hypothétique $(\delta - \gamma)$ (Nahid, 2001) et (Vasilios, 2008) ou soit dans un repère fixe $(\alpha - \beta)$ (Yan, 2002) et (Zhao, 2007),

  * Estimation des forces électromotrices étendues (FEME) pour MSAPPS soit dans un repère tournant hypothétique $(\delta - \gamma)$ (Morimoto, 2002) ou soit dans un repère fixe $(\alpha - \beta)$ (Chen, 2003),

  * Filtre de Kalman étendu (Dhaouadi, 1991), (Xu, 2003),

  * Observateurs adaptatifs (Furuhashi, 1992), (Cascella, 2003),

  * Observateurs de modes glissants soit d'ordre un (Yan, 2002), (Paponpen, 2006) ou soit d'ordre supérieur (Zaltni, 2010),

  * Observateurs interconnectés à grand gain (Besançon, 1998), (Traore, 2008), (Giri, 2010),

  * Méthode de modèle de référence adaptatif (Kim, 2003), (Rashed, 2007).

Concernant la commande sans capteur mécanique, la plupart des méthodes de commande est de type commande linéaire associé à des observateurs : commande vectorielle classique (régulateur PI) (Furuhashi, 1992), (Rashed, 2007), (Gu, 2004), commande par retour d'état (Zheng, 2007).

Récemment, de nouvelles commandes non linéaires pour le contrôle sans capteur mécanique sont apparues. La commande modes glissants d'ordre supérieur quasi-continue a été proposée (Ciabattoni, 2010) avec la mesure de la position pour estimer la vitesse. La commande de type backstepping a été présentée (Ke, 2005) avec la mesure de la position pour estimer la vitesse.

Au regards des méthodes d'observation développées au cours de ces précédents travaux de recherche, les méthodes citées auparavant sont testées généralement en haute vitesse et basse vitesse. Mais, peu sont celles qui tiennent compte des problèmes d'inobservabilité dans leurs tests. Une autre difficulté de la commande sans capteur mécanique est la preuve de stabilité de l'ensemble (Observateur+Commande) en boucle fermée.

Devant tous ces défis, nous nous sommes fixés les objectifs suivants :
- ⇒ la synthèse des observateurs non linéaires,
- ⇒ l'analyse de la stabilité de chaque observateur conçu,
- ⇒ la conception des lois de commande robustes (commande non linéaire),
- ⇒ l'association de ces commandes aux observateurs pour réaliser la commande sans capteur mécanique de la machine synchrone à aimants permanents,
- ⇒ l'analyse de la stabilité de l'ensemble (commande+observateur).

1.2 Organisation du rapport de thèse

Outre cette introduction qui fait office à la fois de motivation et de présentation générale du sujet, le mémoire de thèse s'articule donc autour des chapitres suivants :

Chapitre 2. Nous rappellerons d'abord les avantages ainsi que les applications de la machine synchrone à aimants permanents. Les différents modèles d'état non linéaires de cette machine, dans le repère fixe $(\alpha-\beta)$ et dans le repère tournant $(d-q)$, sont exposés. Ensuite nous nous intéresserons plus spécifiquement au problème de l'observation de l'état de la MSAP. Au travers de ces études, nous pourrons conclure que dans le cas où la vitesse (et la position) est une grandeur mesurable, les propriétés d'observabilité de l'état de la machine sont vérifiées. En d'autres termes, il est possible de reconstruire les variables d'état électriques (courant) et mécaniques (vitesse, position et couple de charge) de la machine mais la synthèse d'un observateur pour le système non linéaire est néanmoins un problème.

Chapitre 3. Il porte essentiellement sur les techniques de synthèse d'observateurs non linéaires sans capteur mécanique pour MSAP. Plusieurs observateurs seront conçus pour estimer les grandeurs mécaniques non mesurables (vitesse, position) à partir des mesures disponibles (courants statorique, tensions statoriques). Deux observateurs par modes glissants d'ordre un dont un basé sur la FEM et l'autre basé sur le modèle complet seront d'abord présentés. Ensuite, un observateur par modes glissants d'ordre supérieur avec la technique super-twisting sera conçu. Enfin, un observateur adaptatif interconnecté sera élaboré. L'analyse de la stabilité de chaque observateur sera faite.

Chapitre 4. Ce chapitre sera dévoué à la conception des lois de commande non linéaires sans capteur mécanique de la machine synchrone à aimants permanents à pôles lisses. Plusieurs lois de commande non linéaire seront conçues : type mode glissant d'ordre supérieur à trajectoire pré-calculée, type backstepping et type mode glissant d'ordre supérieur quasi-continue. Une démonstration de convergence par la théorie de Lyapunov des différentes lois de commande sera détaillée. Ensuite, chaque loi de commande sera associée au moins à un observateur présenté dans le chapitre 3 pour effectuer la commande sans capteur mécanique de la MSAP. Une démonstration de la convergence globale de l'ensemble "Observateur+Commande" sera présentée au fur et à mesure pour chaque cas. Des résultats de simulation obtenus sur le benchmark "Commande sans capteur mécanique" seront donnés.

Chapitre 5. Ce dernier chapitre conclut ce manuscrit et propose quelques perspectives.

Ces travaux ont fait l'objet de plusieurs publications.

PUBLICATION EN REVUE

(EZZAT) : Marwa EZZAT, Jesus DE LEON and Alain GLUMINEAU. *Sensorless Speed Control of PMSM via Adaptive Interconnected Observer*, soumis à IET Control Theory Application.

PUBLICATIONS EN CONGRES INTERNATIONAUX

(EZZAT, 2010a) : Marwa EZZAT, Alain GLUMINEAU et Robert BOISLIVEAU. *Comparaison de deux observateurs non linéaires pour la commande sans capteur de la MSAP : validation expérimentale*, CIFA 2010, Nancy, France, 2-4 Juin.

(EZZAT, 2010b) : Marwa EZZAT, Jesus DE LEON, Nicolas GONZALEZ and Alain GLUMINEAU. *Sensorless Speed Control of Permanent Magnet Synchronous Motor by using Sliding Mode Observer*, VSS 2010, Mexico City, Mexico, 26-28 June.

(EZZAT, 2010c) : Marwa EZZAT, Alain GLUMINEAU and Franck PLESTAN. *Sensorless high order sliding mode control of permanent magnet synchronous motor*, VSS 2010, Mexico City, Mexico, 26-28 June.

(EZZAT, 2010d) : Marwa EZZAT, Alain GLUMINEAU and Franck PLESTAN. *Sensorless speed control of a permanent magnet synchronous motor : high order sliding mode controller and sliding mode observer*, NOLCOS 2010, Bologna, Italy, 1-3 September.

(EZZAT, 2010e) : Marwa EZZAT, Jesus DE LEON, Nicolas GONZALEZ and Alain GLUMINEAU. *Observer-Controller Scheme using High Order Sliding Mode Techniques for Sensorless Speed Control of Permanent Magnet Synchronous Motor*, 49th CDC 2010, Atlanta, USA, 15-17 December.

(EZZAT, 2011) : Marwa EZZAT, Jesus DE LEON and Alain GLUMINEAU. *Adaptive Interconnected Observer-Based Backstepping Control Design For Sensorless PMSM*, 18th World Congress IFAC WC 2011, Session invitée ,Milano, Italy, August 28-September 2.

Chapitre 2

Modélisation et observabilité de la MSAPPL sans capteur

2.1 Introduction

Les moteurs synchrones à aimants permanents (MSAP) deviennent de plus en plus attractifs et concurrents des moteurs asynchrones. C'est grâce à de nombreuses raisons comme le développement de la technologie des composants de l'électronique de puissance, et l'apparition des processeurs numériques à fréquence élevée et à forte puissance de calcul. De plus la technologie évolue avec les aimants permanents qu'ils soient à base d'alliage ou à terre rares. Ce sont surtout les terres rares (Samarium-Cobalt et Néodyme-Fer-Bore) qui sont performants. Cela leur a permis d'être utilisés comme inducteur dans les machines synchrones offrant ainsi beaucoup d'avantages, entre autres, une faible inertie et un couple massique élevé. Par ailleurs, les avantages des MSAP sont leur rendement élevé, la haute vitesse, un environnement propre, un fonctionnement de longue durée. Le fait de ne pas utiliser les collecteurs mécaniques ou les contacts glissants leur permet de travailler dans les milieux les plus difficiles et d'avoir un faible coût d'entretien (Vas, 1998), (Boulbair, 2002).
C'est ainsi que le moteur synchrone peut être très utile dans de nombreuses applications, comme :

- les équipements domestiques (machine à laver le linge),
- les automobiles,
- les équipements de technologie de l'information (DVD drives),
- les outils électriques, jouets, système de vision et ses équipements,
- les équipements de soins médicaux et de santé (fraise de dentiste),
- les servomoteurs,
- les applications robotiques,
- la production d'électricité,
- la propulsions des véhicules électriques et la propulsion des sous marins ;
- les machines-outils,
- les application de l'énergie de l'éolienne.

2.2 Description

Le terme de machine synchrone regroupe toutes les machines dont la vitesse de rotation du rotor est égale à la vitesse de rotation du champ tournant du stator. Pour obtenir un tel fonctionnement, le champ magnétique rotorique est généré soit par des aimants, soit par un circuit d'excitation. La position du champ magnétique rotorique est alors fixe par rapport au rotor, ce qui impose le synchronisme entre le champ tournant statorique et le rotor ; d'où le nom de machine synchrone.

Le stator est similaire à celui de la machine asynchrone. Il se compose d'un bobinage distribué triphasé, tel que les forces électromotrices générées par la rotation du champ rotorique soient sinusoïdales où trapézoïdales. Ce bobinage est représenté par les trois axes (a, b, c) déphasés, l'un par rapport à l'autre, de 120 °électriques.

Le rotor se compose d'aimants permanents. Les aimants permanents présentent l'avantage d'éliminer les balais et les pertes rotoriques, ainsi que la nécessité d'une source pour fournir le courant d'excitation. Cependant, on ne peut pas contrôler l'amplitude du flux rotorique. Il existe de nombreuses façons de disposer les aimants au rotor (Fig.2.1).

- Aimants en surface (Surface Mounted)
  Les aimants sont montés sur la surface du rotor en utilisant des matériaux adhésifs à haute résistance. Ils offrent un entrefer homogène, le moteur est le plus souvent à pôles lisses. Ses inductances ne dépendent pas de la position du rotor (Fig.2.1-a). L'inductance de l'axe-d est égale à celle de l'axe-q. Cette configuration du rotor est simple à réaliser. Ce type du rotor est le plus utilisé. Par contre, les aimants sont exposés aux champs démagnétisants. De plus, il sont soumis à des forces centrifuges qui peuvent causer leur détachement du rotor.

- Aimants insérés (Inset magnet type)
  Les aimants du type insérés aussi sont montés sur la surface du rotor. Cependant, les espaces entre les aimants sont remplies du fer (voir Fig.2.1-b). L'alternance entre le fer et les aimants provoque l'effet de saillance. L'inductance de l'axe-d est légèrement différente de celle de l'axe-q. Cette structure est souvent préférée pour les machines trapézoïdale, parce que l'arc polaire magnétique peut être réglé afin d'aider à former les forces électromagnétiques.

- Aimants enterrés (Interior magnet type)
  Les aimants sont intégrés dans la masse rotorique (Fig.2.1-c) : le moteur sera à pôles saillants. Dans ce cas, le circuit magnétique du rotor est anisotrope, les inductances dépendent fortement de la position du rotor. Les aimants étant positionnés dans le rotor, ce type de moteur est plus robuste mécaniquement et il permet le fonctionnement à des vitesses plus élevées. D'autre part, il est naturellement plus cher à fabriquer et plus complexe à contrôler.

- Aimants à concentration de flux (Flux concentrating type)
  Comme le montre la (Fig.2.1-d), les aimants sont profondément placés dans la masse rotorique. Les aimants et leurs axes se trouvent dans le sens circonférentiel. le flux sur un arc polaire du rotor est contribué par deux aimants séparés. L'avan-

tage de cette configuration est la possibilité de concentrer le flux générer par les aimants permanents dans le rotor et d'obtenir ainsi un induction plus forte dans l'entrefer. Ce type de machine possède de l'effet de saillance.

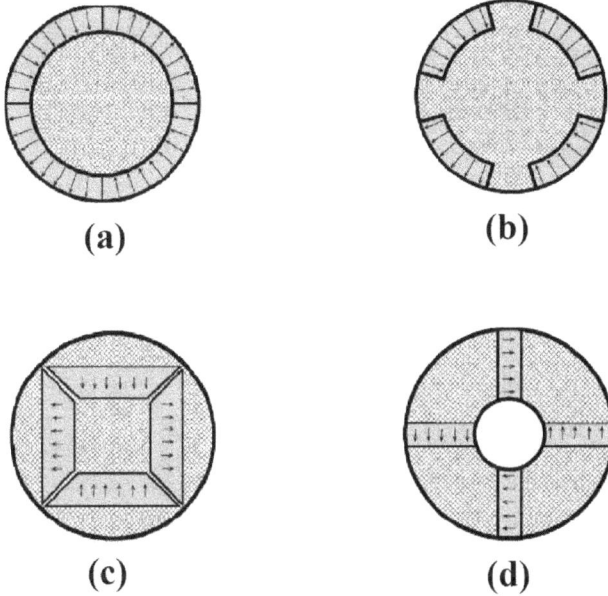

FIGURE 2.1: Différents dispositions d'aimants permanents dans un rotor (Acarnley, 2006)
(a)Aimants en surface   (b)Aimants insérés
(c)Aimants enterrés   (d)Aimants à concentration de flux

2.3   Classification des MSAP

Ces machines peuvent être classées selon la forme de la force électromotrice ((Bose, 2002), (Arroyo, 2006), (Underwood, 2006)) :
– Sinusoïdale
– Trapézoïdale.

En particulier, les machines synchrones à f.e.m sinusoïdales sont classées en deux sous catégories selon la position des aimants :

1. à pôles lisses, où les aimants sont montés à la surface du rotor (Fig.2.1-a).

2. à pôles saillants, où les aimants sont enterrés dans la masse rotorique (Fig.2.1-c) et (Fig.2.1-d).

2.4   Modélisation de la MSAP

L'étude du comportement d'un moteur électrique est une tache difficile et qui nécessite,
avant tout, une bonne connaissance de son modèle dynamique afin de bien prédire, par voie
de simulation, son comportement dans les différents modes de fonctionnement envisagés.
La modélisation d'un moteur synchrone à aimants permanents est identique à celle d'une
machine synchrone classique sauf que l'excitation en courant continu attachée au rotor
est remplacée par le flux de l'aimant. Donc, le modèle est issu du modèle de la machine
synchrone classique (Chiasson, 2005).

Dans cette étude, la machine comporte un stator et un rotor de constitution symétrique
avec p paires de pôles. Les enroulements statoriques sont le plus souvent connectés en étoile
à neutre isolé. L'excitation rotorique est créée par des aimants permanents au rotor.
Afin de simplifier la modélisation de la machine, les hypothèses usuelles données dans la
majorité des références sont adoptées comme suit (Bose, 2002), (Arroyo, 2006), (Nahid,
2001), (Lipo, 1996) :
  – l'effet d'amortissement au rotor est négligé,
  – le circuit magnétique de la machine n'est pas saturé,
  – la répartition des forces magnétomotrices (FMM) est sinusoïdale,
  – les couplages capacitifs entre les enroulements sont négligés,
  – les phénomènes d'hystérésis et les courants de Foucault sont négligés,
  – les irrégularités de l'entrefer dues aux encoches statoriques sont ignorées.

2.4.1   Les équations électriques

Les équations triphasés des tensions statoriques s'expriment par :

$$\begin{bmatrix} u_a \\ u_b \\ u_c \end{bmatrix} = R_s \begin{bmatrix} i_a \\ i_b \\ i_c \end{bmatrix} + \frac{d}{dt} \begin{bmatrix} \Psi_a \\ \Psi_b \\ \Psi_c \end{bmatrix} \tag{2.1}$$

où $[u_a, u_b, u_c]^t$ sont les tentions des phases statoriques, R_s est la résistance statorique,
$[i_a, i_b, i_c]^t$ sont les courants des phases statoriques et $[\Psi_a, \Psi_b, \Psi_c]^t$ sont les flux totaux
statoriques qui sont exprimés par :

$$\begin{bmatrix} \Psi_a \\ \Psi_b \\ \Psi_c \end{bmatrix} = [L_{ss}] \begin{bmatrix} i_a \\ i_b \\ i_c \end{bmatrix} + \begin{bmatrix} \Psi_{af} \\ \Psi_{bf} \\ \Psi_{cf} \end{bmatrix} \tag{2.2}$$

où

$$\begin{bmatrix} \Psi_{af} \\ \Psi_{bf} \\ \Psi_{cf} \end{bmatrix} = \Psi_f \begin{bmatrix} \cos(\theta) \\ \cos(\theta - 2\pi/3) \\ \cos(\theta + 2\pi/3) \end{bmatrix} \tag{2.3}$$

où, Ψ_f l'amplitude du flux produit par les aimants permanents.

Dans le cas général, c'est-à-dire, les machines à pôles saillants (sans amortisseurs), la matrice $[L_{ss}]$ se compose de termes variables et de termes constants. Elle peut écrire :

$$[L_{ss}] = [L_{so}] + [L_{sv}]$$

avec

$$[L_{so}] = \begin{bmatrix} L_{so} & M_{so} & M_{so} \\ M_{so} & L_{so} & M_{so} \\ M_{so} & M_{so} & L_{so} \end{bmatrix} \tag{2.4}$$

et

$$[L_{sv}] = L_{sv} \begin{bmatrix} cos(2\theta_e) & cos(2\theta_e - \frac{2\pi}{3}) & cos(2\theta_e + \frac{2\pi}{3}) \\ cos(2\theta_e - \frac{2\pi}{3}) & cos(2\theta_e + \frac{2\pi}{3}) & cos(2\theta_e) \\ cos(\theta + \frac{2\pi}{3}) & cos(2\theta_e) & cos(2\theta_e - \frac{2\pi}{3}) \end{bmatrix} \tag{2.5}$$

où L_{so}, L_{sv} et M_{so} sont les inductances propres et mutuelle respectivement. Elles sont constantes.

Afin de modéliser les machines triphasés, la transformation de Park est couramment utilisée pour obtenir l'expression des variables dans un repère tournant d-q. Cette transformation rend les équations dynamiques des machines à courant alternatif plus simples, ce qui facilite leur étude et leur analyse. Cette méthode se décompose en deux étapes :

1. Transformation Triphasé-Diphasé (dans un repère fixe) (Concordia),
2. Transformation Repère fixe-Repère tournant (Park).

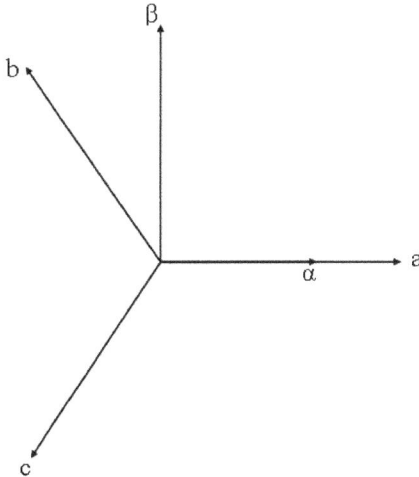

FIGURE 2.2: Transformation triphasé à diphasé (Transformation de Concordia).

Applicant la première transformation (Concordia T_{32}) :

$$\begin{bmatrix} X_\alpha \\ X_\beta \end{bmatrix} = T_{32}^t \begin{bmatrix} X_a \\ X_b \\ X_c \end{bmatrix}, \quad T_{32} = \sqrt{\frac{2}{3}} \begin{bmatrix} 1 & 0 \\ -\frac{1}{2} & \frac{\sqrt{3}}{2} \\ -\frac{1}{2} & -\frac{\sqrt{3}}{2} \end{bmatrix} \tag{2.6}$$

où X peut être une variable réelle comme la tension, le courant et le flux, on obtient :

$$\begin{bmatrix} u_\alpha \\ u_\beta \end{bmatrix} = R_s \begin{bmatrix} i_\alpha \\ i_\beta \end{bmatrix} + \frac{d}{dt} \begin{bmatrix} \Psi_\alpha \\ \Psi_\beta \end{bmatrix}. \tag{2.7}$$

La deuxième étape est l'application de la transformation de Park P au système d'équations (2.7)

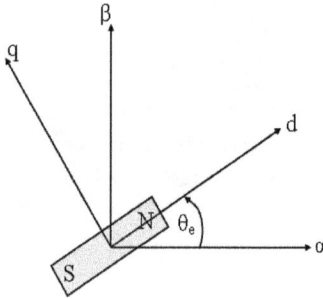

FIGURE 2.3: Transformation de Park.

$$\begin{bmatrix} x_d \\ x_q \end{bmatrix} = P(-\theta_e) \begin{bmatrix} x_\alpha \\ x_\beta \end{bmatrix} \tag{2.8}$$

où $P(\theta_e) = \begin{bmatrix} \cos\theta_e & -\sin\theta_e \\ \sin\theta_e & \cos\theta_e \end{bmatrix}$

$$\begin{bmatrix} u_d \\ u_q \end{bmatrix} = R_s \begin{bmatrix} i_d \\ i_q \end{bmatrix} + \frac{d}{dt} \begin{bmatrix} \Psi_d \\ \Psi_q \end{bmatrix} + \omega_e \begin{bmatrix} \Psi_q \\ \Psi_d \end{bmatrix} \tag{2.9}$$

Dans les machines synchrones à répartition sinusoïdale des conducteurs, Ψ_d et Ψ_q sont des fonctions linéaires des courants i_d et i_q :

$$\begin{cases} \Psi_d = L_d i_d + \Psi_f \\ \Psi_q = L_q i_q. \end{cases} \tag{2.10}$$

De l'équation (2.10) et de l'équation (2.9), l'équation suivante est obtenue :

$$\begin{bmatrix} u_d \\ u_q \end{bmatrix} = \begin{bmatrix} R_s + pL_d & \omega L_q \\ -\omega L_d & R_s + pL_q \end{bmatrix} \begin{bmatrix} i_d \\ i_q \end{bmatrix} + \begin{bmatrix} 0 \\ \omega \Psi_f \end{bmatrix}. \tag{2.11}$$

2.4.2 Les équations mécaniques

La position électrique du rotor, c'est-a-dire θ_e est l'angle électrique désignant la position du rotor par rapport au stator, est calculée de

$$\frac{d\theta_e}{dt} = \omega. \tag{2.12}$$

L'equation de la vitesse du rotor est :

$$J\frac{d\Omega}{dt} + f\Omega = C_e - C_l \tag{2.13}$$

et $\omega = p\Omega$ où ω est la vitesse (angulaire) électrique, p est le nombre de paires de pôles, Ω est la vitesse angulaire du rotor, C_e est le couple électromagnétique, C_l est le couple de charge, J est le moment d'inertie total, cela veut dire l'inertie de la machine synchrone plus celle de la charge, f est le coefficient de frottement visqueux.

2.4.3 Couple électromagnétique

Le couple électromagnétique est produit par l'intéraction entre les pôles formés par les aimants au rotor et les pôles engendrés par les FMMs dans l'entrefer qui sont générées par les courants statoriques. Ce couple développé par les machines synchrones à f.e.m. sinusoïdale peut être exprimé par (Nahid, 2001) ;

$$C_e = p(\Psi_\alpha i_\beta - \Psi_\beta i_\alpha) = p(\Psi_d i_q - \Psi_q i_d)$$

$$C_e = p((L_d - L_q)i_d + \Psi_f)i_q. \tag{2.14}$$

Dans le cas où la machine est à pôles lisses ($L_d = L_q$), le terme ($p(L_d - L_q)i_d i_q$) formant le couple de réluctance est nul. L'équation du couple se simplifie en :

$$C_e = p\Psi_f i_q. \tag{2.15}$$

L'équation (2.14) montre que le couple est proportionnel à un produit vectoriel représentant une expression non linéaire. En revanche, l'équation (2.15) montre que le couple est proportionnel au courant de l'axe q. Cela confirme l'analogie entre cette machine et la machine à courant continu.

En combinant les équations électriques avec les équations mécaniques, le modèle complet de la machine synchrone à aimants permanents peut être obtenu.

2.5 Modèle d'état non linéaire

Généralement, pour présenter un modèle d'état, il faut définir le vecteur d'état x, le vecteur d'entrée u et le vecteur de sortie y. Le vecteur d'entrée est composé des tensions statoriques. Le vecteur d'état est constitué des grandeurs électriques (courants) et grandeur mécanique (vitesse et/ou position).

2.5.1 Modèle d'état dans le repère tournant $(d-q)$

Dans le cas d'une régulation de couple ou de vitesse angulaire, le modèle non linéaire d'état dans le repère tournant d-q est décrit par le système ci-dessous :

$$\begin{bmatrix} \dot{i_d} \\ \dot{i_q} \\ \dot{\Omega} \end{bmatrix} = \begin{bmatrix} \frac{-R}{L_d}i_d + \frac{pL_q}{L_d}i_q\Omega \\ \frac{-R}{L_q}i_q - \frac{pL_d}{L_q}i_d\Omega - \frac{p\Psi_f}{L_q}\Omega \\ \frac{p\Psi_f}{J}i_q - \frac{P(L_q-L_d)}{J}i_d i_q - \frac{f}{J}\Omega \end{bmatrix} + \begin{bmatrix} \frac{1}{L_d} & 0 & 0 \\ 0 & \frac{1}{L_q} & 0 \\ 0 & 0 & \frac{-1}{J} \end{bmatrix} \begin{bmatrix} u_d \\ u_q \\ T_l \end{bmatrix}. \tag{2.16}$$

Dans le cas d'une régulation de la position θ du rotor, il faut prendre celle-ci comme une nouvelle variable d'état et donc le nouveau modèle d'état s'écrit :

$$\begin{bmatrix} \dot{i_d} \\ \dot{i_q} \\ \dot{\Omega} \\ \dot{\theta} \end{bmatrix} = \begin{bmatrix} \frac{-R}{L_d}i_d + \frac{pL_q}{L_d}i_q\Omega \\ \frac{-R}{L_q}i_q - \frac{pL_d}{L_q}i_d\Omega - \frac{p\Psi_f}{L_q}\Omega \\ \frac{p\Psi_f}{J}i_q - \frac{p(L_q-L_d)}{J}i_d i_q - \frac{f}{J}\Omega \\ \Omega \end{bmatrix} + \begin{bmatrix} \frac{1}{L_d} & 0 & 0 \\ 0 & \frac{1}{L_q} & 0 \\ 0 & 0 & \frac{-1}{J} \\ 0 & 0 & 0 \end{bmatrix} \begin{bmatrix} u_d \\ u_q \\ T_l \end{bmatrix}. \tag{2.17}$$

A noter que si la machine synchrone à aimants permanents est à pôles lisses, $(L_d = L_q = L_s)$, le modèle (2.17) sera plus simple comme suit :

$$\begin{bmatrix} \dot{i_d} \\ \dot{i_q} \\ \dot{\Omega} \\ \dot{\theta} \end{bmatrix} = \begin{bmatrix} \frac{-R}{L_s}i_d + pi_q\Omega \\ \frac{-R}{L_s}i_q - pi_d\Omega - \frac{p\Psi_f}{L_s}\Omega \\ \frac{p\Psi_f}{J}i_q - \frac{f}{J}\Omega \\ \Omega \end{bmatrix} + \begin{bmatrix} \frac{1}{L_s} & 0 & 0 \\ 0 & \frac{1}{L_s} & 0 \\ 0 & 0 & \frac{-1}{J} \\ 0 & 0 & 0 \end{bmatrix} \begin{bmatrix} u_d \\ u_q \\ T_l \end{bmatrix}. \tag{2.18}$$

2.5.2 Modèle d'état dans le repère fixe $(\alpha-\beta)$

Le modèle d'état non linéaire dans le repère fixe $\alpha\beta$ lié au stator s'obtient à partir du modèle (2.11) (Chen, 2003), (Bisheimer, 2006) :

$$\begin{bmatrix} u_\alpha \\ u_\beta \end{bmatrix} = \begin{bmatrix} R_s + pL_\alpha & pL_{\alpha\beta} \\ pL_{\alpha\beta} & R_s + pL_\beta \end{bmatrix} \begin{bmatrix} i_\alpha \\ i_\beta \end{bmatrix} + \omega\Psi_f \begin{bmatrix} -\sin\theta_e \\ \cos\theta_e \end{bmatrix} \tag{2.19}$$

où

$$
\begin{aligned}
L_0 &= \frac{L_d + L_q}{2}, \\
L_1 &= \frac{L_d - L_q}{2}, \\
L_{\alpha\beta} &= L_1 \sin 2\theta_e, \\
L_\alpha &= L_0 + L_1 \cos 2\theta_e, \\
L_\beta &= L_0 - L_1 \cos 2\theta_e,
\end{aligned}
$$

$$
\begin{bmatrix} \dot{i}_\alpha \\ \dot{i}_\beta \end{bmatrix} = \frac{A_\theta}{D} \begin{bmatrix} u_\alpha \\ u_\beta \end{bmatrix} - \frac{R_s A_\theta}{D} \begin{bmatrix} i_\alpha \\ i_\beta \end{bmatrix} - \frac{2 L_1 \omega B_\theta}{D} \begin{bmatrix} i_\alpha \\ i_\beta \end{bmatrix} - \frac{\omega \Psi_f (L_0 + L_1)}{D} \begin{bmatrix} -\sin \theta_e \\ \cos \theta_e \end{bmatrix} \tag{2.20}
$$

où

$$
A_\theta = \begin{bmatrix} L_\beta & -L_{\alpha\beta} \\ -L_{\alpha\beta} & L_\alpha \end{bmatrix}
$$

$$
B_\theta = \begin{bmatrix} -L_a & L_b \\ L_b & L_a \end{bmatrix}
$$

$$
\begin{aligned}
L_a &= L_0 \sin 2\theta_e, \\
L_b &= L_1 + L_0 \cos 2\theta_e, \\
D &= |A_\theta| = L_\alpha L_\beta - (L_{\alpha\beta})^2.
\end{aligned}
$$

Pour la machine à rotor lisse, le modèle (2.20) sera réduit car L_1 est nulle. Donc, le modèle complet de cette machine sera :

$$
\begin{bmatrix} \dot{i}_\alpha \\ \dot{i}_\beta \\ \dot{\Omega} \\ \dot{\theta} \end{bmatrix} = \begin{bmatrix} \frac{-R}{L_s} i_\alpha - \frac{e_\alpha}{L_s} \\ \frac{-R}{L_s} i_\beta - \frac{e_\beta}{L_s} \\ \frac{p\Psi_f}{J}(i_\beta \cos \theta_e - i_\alpha \sin \theta_e) - \frac{f}{J}\Omega \\ \Omega \end{bmatrix} + \begin{bmatrix} \frac{1}{L_s} & 0 & 0 \\ 0 & \frac{1}{L_s} & 0 \\ 0 & 0 & \frac{-1}{J} \\ 0 & 0 & 0 \end{bmatrix} \begin{bmatrix} u_\alpha \\ u_\beta \\ T_l \end{bmatrix} \tag{2.21}
$$

e_α et e_β sont les forces électromotrices.

$$
\begin{cases} e_\alpha = -\Psi_f \omega \sin \theta_e, \\ e_\beta = \Psi_f \omega \cos \theta_e. \end{cases} \tag{2.22}
$$

2.6 Observabilité de la machine synchrone à aimants permanents

(Ezzat, 2010a)

L'étude de l'observabilité de la machine synchrone à aimants permanents n'est pas souvent abordée dans la littérature. Elle est traitée quand même dans (Vaclavek, 2007).

Il est évident que l'analyse de l'observabilité des systèmes linéaires est relativement simple. Par contre, cette analyse dans les cas non linéaires est complexe car l'observabilité peut dépendre de l'entrée du système et qu'il peut y avoir des singularités d'observation dans l'espace d'état. La machine synchrone à aimants permanents est fortement non linéaire. Une étude préliminaire à la synthèse d'observateurs est celle de l'observabilité du système, linéaire ou non linéaire, pour lequel un observateur est envisagé. Il est donc nécessaire de définir au préalable la notion d'observabilité des systèmes.

L'observabilité est une analyse habituelle du système qui indique, les conditions sous lesquelles, la possibilité de calculer les états non mesurés à partir des sorties mesurées. Dans les paragraphes suivants, nous donnons d'abord, la définition de l'observabilité des systèmes non linéaires. Ensuite, l'analyse d'observabilité de notre machine. Nous allons utiliser, le critère de rang d'observabilité générique (Conte, 1999) dans nos études.

Soit le système non linéaire de la forme :

$$\begin{cases} \dot{x}(t) = f(x(t), u(t)) \\ y = h(x(t)) \end{cases} \tag{2.23}$$

où $x \in \mathbb{R}^n$ représente l'état, $u \in \mathbb{R}^m$ l'entrée et $y \in \mathbb{R}^p$ la sortie. $f(.,.)$ et $h(.)$ sont des fonctions analytiques. On suppose que les fonctions $f(.,.)$ et $h(.)$ sont des fonctions méromorphes de x et u. On suppose également que la fonction $u(t)$ est admissible, c'est-à-dire mesurable et bornée.

Selon (Hermann, 1977), l'observabilité des systèmes non linéaires est définie à partir de la notion d'indistinguabilité (ou d'indiscernabilité).

Définition 1 *Indistinguabilité (Hermann, 1977). Deux états initiaux $x(t_o) = x_1$ et $x(t_o) = x_2$ sont dit indiscernables pour le système (2.23) si $\forall t \in [t_o, t_1]$, les sorties correspondantes $y_1(t)$ et $y_2(t)$ sont identiques quelle que soit l'entrée admissible $u(t)$ du système.*

Définition 2 *Observabilité. Le système non linéaire (2.23) est dit observable s'il n'admet pas de paire indiscernable.*

C'est-à-dire, un système est observable s'il n'existe pas d'états initiaux distincts qui ne puissent être départagés par examen de la sortie du système.

Définition 3 *Espace d'observabilité (Hermann, 1977). Considérant le système (2.23). L'espace d'observabilité, l'espace $\mathcal{O}$, est défini par le plus petit espace vectoriel contenant les sorties $h_1, h_2, \ldots, h_p$ et qui soit fermé sous l'opération de la dérivation de Lie par rapport au champ de vecteur $f(x, u)$, u étant fixe.*
On note $d\mathcal{O}$ l'espace des différentielles des éléments de $\mathcal{O}$.

Définition 4 *L'espace $d\mathcal{O}(x_o)$ (c'est-à-dire évalué en x_o) caractérise l'observabilité faible locale en x_o du système (2.23). Le système (2.23) est dit satisfaisant la condition de rang d'observabilité en x_o si :*

$$dim\mathcal{O}(x_o) = n. \tag{2.24}$$

Le système (2.23) satisfait la condition de rang d'observabilité si, pour tout $x \in \mathbb{R}^n$:

$$dim\mathcal{O}(x) = n. \tag{2.25}$$

Définition 5 *Espace d'observabilité générique, (Conte, 1999).*
*Soit le système (2.23). L'espace d'observabilité générique est défini par $\mathcal{O} = \mathcal{X} \cap (\mathcal{Y} + \mathcal{U})$,
avec :*

$$
\begin{aligned}
\mathcal{X} &= Span_K dx \\
\mathcal{U} &= Span_K du^{(v)}, v \geq 0 \\
\mathcal{Y} &= Span_K dy^{(w)}, w \geq 0
\end{aligned}
$$

où K est l'ensemble des fonctions méromorphes.
Le système (2.23) est génériquement observable si et seulement si :

$$dim\mathcal{O} = n. \tag{2.26}$$

Supposons que la condition de rang d'observabilité générique (2.26) soit satisfaite. On
peut alors vérifier :

$$
rang_{\mathcal{K}}
\begin{bmatrix}
dy \\
d\dot{y} \\
\vdots \\
dy^{(n-1)}
\end{bmatrix}
= n.
$$

Un critère seulement suffisant pour l'observabilité locale est :

$$
le\ jacobien\ de\ \frac{\partial(y, ..., y^{(n-1)})}{\partial(x_1, .., x_n)}\ est\ de\ rang\ plein. \tag{2.27}
$$

2.6.1 Observabilité de la machine avec mesure de vitesse et de position

Lorsque la vitesse et/ou la position est mesurée, le modèle de la machine synchrone (2.16)
est réécrit comme suit :

$$
\begin{cases}
\dot{x} = f(x) + g(x)u \\
y = h(x)
\end{cases} \tag{2.28}
$$

où

$$
x =
\begin{bmatrix}
x_1 \\
x_2 \\
x_3 \\
x_4
\end{bmatrix}
=
\begin{bmatrix}
i_d \\
i_q \\
\Omega \\
\theta
\end{bmatrix}, \quad
u =
\begin{bmatrix}
u_d \\
u_q \\
T_l
\end{bmatrix}, \quad
h(x) =
\begin{bmatrix}
h_1 \\
h_2 \\
h_3 \\
h_4
\end{bmatrix}
=
\begin{bmatrix}
x_1 \\
x_2 \\
x_3 \\
x_4
\end{bmatrix}
$$

$$f(x) = \begin{bmatrix} \frac{-R}{L_d}x_1 + \frac{pL_q}{L_d}x_2x_3 \\ \frac{-R}{L_q}x_2 - \frac{pL_d}{L_q}x_1x_3 - \frac{p\Psi_f}{L_q}x_3 \\ \frac{p\Psi_f}{J}x_2 - \frac{P(L_q-L_d)}{J}x_1x_2 - \frac{f}{J}x_3 \\ px_3 \end{bmatrix}, \quad g(x) = \begin{bmatrix} \frac{1}{L_d} & 0 & 0 \\ 0 & \frac{1}{L_d} & 0 \\ 0 & 0 & \frac{-1}{J} \\ 0 & 0 & 0 \end{bmatrix}.$$

Soit l'ensemble de fonctions C^∞ $P_0(x)$ obtenue à partir des mesures de la façon suivante.

$$P_0(x,u) = \begin{bmatrix} h_1 \\ h_2 \\ h_3 \\ h_4 \end{bmatrix} = \begin{bmatrix} x_1 \\ x_2 \\ x_3 \\ x_4 \end{bmatrix}.$$

Le jacobien J_0 de $P_0(x)$ par rapport à l'état x permet de caractériser l'observabilité du système (2.28) au sens du rang :

$$J_0(x) = \frac{\partial(P_0(x))}{\partial(x)}$$
$$= \begin{bmatrix} 1 & 0 & 0 & 0 \\ 0 & 1 & 0 & 0 \\ 0 & 0 & 1 & 0 \\ 0 & 0 & 0 & 1 \end{bmatrix}.$$

Le déterminant D_0 de $J_0(x)$ est :

$$D_0 = 1$$

Le rang de la matrice $J_0(x)$ est égal à l'ordre du système et ce qui est une condition suffisante d'observabilité. La machine synhrone avec mesures de vitesse et/ou de position et de courants est donc localement observable. Dans ce cas, il est donc inutile d'introduire des dérivées d'ordres supérieurs des mesures.

2.6.2 Observabilité de la machine sans mesure de vitesse ni position

L'analyse de l'observabilité sans mesure de la vitesse utilise le modèle (2.17). Ce modèle sera réécrit sous la forme suivante :

$$\begin{cases} \dot{x} = f(x) + g(x)u \\ y = h(x) \end{cases} \qquad (2.29)$$

$$x = \begin{bmatrix} x_1 \\ x_2 \\ x_3 \\ x_4 \end{bmatrix} = \begin{bmatrix} i_d \\ i_q \\ \Omega \\ \theta \end{bmatrix}, \quad u = \begin{bmatrix} u_d \\ u_q \\ T_l \end{bmatrix}, \quad h(x) = \begin{bmatrix} h_1 \\ h_2 \end{bmatrix} = \begin{bmatrix} x_1 \\ x_2 \end{bmatrix}$$

$$f(x) = \begin{bmatrix} \frac{-R}{L_d}x_1 + \frac{pL_q}{L_d}x_2x_3 \\ \frac{-R}{L_q}x_2 - \frac{pL_d}{L_q}x_1x_3 - \frac{p\Psi_f}{L_q}x_3 \\ \frac{p\Psi_f}{J}x_2 + \frac{p(L_q-L_d)}{J}x_1x_2 \\ px_3 \end{bmatrix}, \quad g(x) = \begin{bmatrix} \frac{1}{L_d} & 0 & 0 \\ 0 & \frac{1}{L_q} & 0 \\ 0 & 0 & \frac{-1}{J} \\ 0 & 0 & 0 \end{bmatrix}.$$

Soit l'ensemble de fonctions C^∞ $P_1(x)$ généré à partir des mesures et de leurs dérivées respectives de la façon suivante :

$$P_1(x) = \begin{bmatrix} h_1 \\ h_2 \\ \dot{h}_1 \\ \dot{h}_2 \end{bmatrix} = \begin{bmatrix} x_1 \\ x_2 \\ \dot{x}_1 \\ \dot{x}_2 \end{bmatrix} \tag{2.30}$$

Le jacobien J_1 de $P_1(x)$ par rapport à l'état x permet de caractériser l'observabilité du système (2.29) au sens du rang :

$$\begin{aligned} J_1(x) &= \frac{\partial(P_1(x))}{\partial(x)} \\ &= \begin{bmatrix} 1 & 0 & 0 & 0 \\ 0 & 1 & 0 & 0 \\ \frac{-R}{L_d} & \frac{pL_q}{L_d}\Omega & \frac{pL_q}{L_d}i_q & 0 \\ \frac{-pL_d}{L_q}\Omega & \frac{-R}{L_q} & \frac{-pL_d}{L_q}i_d - \frac{p\Psi_f}{L_q} & 0 \end{bmatrix} \end{aligned}$$

Il est évident que le déterminant de cette matrice est nul. Par conséquent, le système est donc non-observable. Quelque soit l'ordre des dérivées de h_1 et h_2 utilisé, il est constaté que le système est toujours non-observable.

Donc, à partir du modèle dans le repère $(d-q)$, la machine synchrone à aimants permanents n'est pas observable car aucun état dépend sur la position du rotor (θ). Donc, étudions l'analyse de l'observabilité dans le repère fixe ($\alpha - \beta$). Alors, à partir du modèle (2.20)

$$x = \begin{bmatrix} x_1 \\ x_2 \\ x_3 \\ x_4 \end{bmatrix} = \begin{bmatrix} i_\alpha \\ i_\beta \\ \Omega \\ \theta \end{bmatrix}, \quad u = \begin{bmatrix} u_\alpha \\ u_\beta \end{bmatrix}, \quad h(x) = \begin{bmatrix} h_1 \\ h_2 \end{bmatrix} = \begin{bmatrix} x_1 \\ x_2 \end{bmatrix}$$

$$P_2(x) = \begin{bmatrix} h_1 \\ h_2 \\ \dot{h}_1 \\ \dot{h}_2 \end{bmatrix} = \begin{bmatrix} x_1 \\ x_2 \\ \dot{x}_1 \\ \dot{x}_2 \end{bmatrix}$$

$$J_2(x) = \frac{\partial(P_2(x))}{\partial(x)}$$

$$= \begin{bmatrix} 1 & 0 & 0 & 0 \\ 0 & 1 & 0 & 0 \\ a_1 & a_2 & a_3 & a_4 \\ b_1 & b_2 & b_3 & b_4 \end{bmatrix}$$

où

$$a_1 = \frac{-R_s L_\beta}{D} + \frac{2L_1 L_a \omega}{D}$$

$$a_2 = \frac{R_s L_{\alpha\beta}}{D} - \frac{2L_1 L_b \omega}{D}$$

$$a_3 = \frac{\Psi_f (L_0 + L_1) \sin\theta}{D} + \frac{2L_1 L_a i_\alpha}{D} - \frac{2L_1 L_b i_\beta}{D}$$

$$a_4 = \frac{\Psi_f (L_0 + L_1) \omega \cos\theta}{D} + \frac{2L_1 u_\alpha - 2R_s L_1 i_\alpha + 4L_1 L_0 \omega i_\beta}{D} \sin 2\theta$$
$$- \frac{2L_1 u_\beta + 2R_s L_1 i_\beta + 4L_1 L_0 \omega i_\alpha}{D} \cos 2\theta$$

et

$$b_1 = \frac{R_s L_{\alpha\beta}}{D} - \frac{2L_1 L_b \omega}{D}$$

$$b_2 = \frac{-R_s L_\alpha}{D} - \frac{2L_1 L_a \omega}{D}$$

$$b_3 = \frac{-\Psi_f (L_0 + L_1) \cos\theta}{D} - \frac{2L_1 L_b i_\alpha}{D} - \frac{2L_1 L_a i_\beta}{D}$$

$$b_4 = \frac{\Psi_f (L_0 + L_1) \omega \sin\theta}{D} - \frac{2L_1 u_\alpha - 2R_s L_1 i_\alpha + 4L_1 L_0 \omega i_\beta}{D} \cos 2\theta$$
$$- \frac{2L_1 u_\beta - 2R_s L_1 i_\beta - 4L_1 L_0 \omega i_\alpha}{D} \sin 2\theta.$$

Le déterminant D_2 de $J_2(x)$ est :

$D_2 = a_3 b_4 - a_4 b_3$

$$\begin{aligned}
D_2 = &\ \frac{2L_1 \Psi_f (L_0 + L_1) u_\alpha}{D^2} \sin\theta - \frac{2L_1 \Psi_f (L_0 + L_1) u_\beta}{D^2} \cos\theta - \frac{2R_s L_1 \Psi_f (L_0 + L_1) i_\alpha}{D^2} \sin\theta \\
&+ \frac{2R_s L_1 \Psi_f (L_0 + L_1) i_\beta}{D^2} \cos\theta + \frac{\Psi_f^2 \omega (L_0 + L_1)^2}{D^2} + \frac{8L_1 L_0 \Psi_f \omega (L_0 + L_1) i_\beta}{D^2} \sin\theta \\
&+ \frac{8L_1 L_0 \Psi_f \omega (L_0 + L_1) i_\alpha}{D^2} \cos\theta + \frac{4L_1^2 L_0}{D^2} (i_\beta u_\alpha - i_\alpha u_\beta) \\
&+ \left[\frac{8L_1^2 L_0^2 \omega - 4R_s L_1^3 \sin 2\theta + 8L_1^3 L_0 \omega \cos 2\theta}{D^2} \right] (i_\alpha^2 + i_\beta^2) \\
&+ \frac{4L_1^3 i_\beta}{D^2} (u_\alpha \cos 2\theta + u_\beta \sin 2\theta) + \frac{4L_1^3 i_\alpha}{D^2} (u_\alpha \sin 2\theta - u_\beta \cos 2\theta) \\
&+ \frac{2L_1^2 \Psi_f \omega (L_0 + L_1)}{D^2} (i_\alpha \cos\theta - i_\beta \sin\theta)
\end{aligned}$$

• **Dans le cas où la machine est à pôles lisses** ($L_d = L_q = L_0 \Rightarrow L_1 = 0$). La valeur du déterminant sera :

$$D_2 = \frac{\Psi_f^2 \omega}{L_0^2}. \qquad (2.31)$$

Sachant que le flux de l'aimant (Ψ_f) ainsi que l'inductance (L_0) sont toujours constants et également différents de zéro, le système est localement génériquement observable si la vitesse diffère de zéro ($\omega \neq 0$).

Remarque 1 *Détaillons un peu plus le comportement dynamique de la partie inobservable lors de la perte d'observabilité :*
si $\omega = 0 \Rightarrow a_4 = 0$, $b_4 = 0$ et $a_3 = \frac{\Psi_f \sin \theta}{L_0}$, ce qui signifie :

∗ *si $\sin \theta \neq 0$,*
  dans ce cas, la vitesse est observable mais la position n'est pas observable. La dynamique inobservable est donc à la limite de stabilité. Si ce cas persiste dans le temps, une technique alternative d'observation serait une injection de signaux.

∗ *si $\sin \theta = 0$ (pour $\theta = 0$ et modulo $k\pi$),*
  dans ce cas, ni la vitesse ni la position ne sont observables.

Remarque 2 *Même en utilisant les dérivées d'ordre supérieur des mesures, afin d'établir (2.30), aucune information supplémentaire pour l'analyse de l'observabilité est obtenue.* ∎

Remarque 3 *Si la singularité d'observabilité est franchie suffisamment rapidement, la perte d'observabilité ne pose pas de problème.*

Remarque 4 *Dans tous les cas, le passage en mode estimateur n'est pas robuste à cause des paramètres mal connus et se fera éventuellement à tort (si $\hat{\omega} \neq \omega$). Il est préférable d'utiliser un observateur et de vérifier sa stabilité et précision dans la zone inobservable.*

• **Dans le cas où la machine est à pôles saillants** ($L_d \neq Lq$). Supposons que la vitesse soit nulle ($\omega = 0$), par conséquent la valeur du déterminant sera :

$$
\begin{aligned}
D_2 &= \frac{2L_1\Psi_f(L_0 + L_1)}{D^2}(u_\alpha \sin\theta - u_\beta \cos\theta) + \frac{2R_s L_1 \Psi_f(L_0 + L_1)}{D^2}(-i_\alpha \sin\theta + i_\beta \cos\theta) \\
&\quad + \frac{4L_1^2 L_0}{D^2}(i_\beta u_\alpha - i_\alpha u_\beta) - \frac{4R_s L_1^3 \sin 2\theta}{D^2}(i_\alpha^2 + i_\beta^2) \\
&\quad + \frac{4L_1^3 i_\beta}{D^2}(u_\alpha \cos 2\theta + u_\beta \sin 2\theta) + \frac{4L_1^3 i_\alpha}{D^2}(u_\alpha \sin 2\theta - u_\beta \cos 2\theta)
\end{aligned}
$$

Sachant que $u_q = -u_\alpha \sin\theta + u_\beta \cos\theta$ et $i_q = -i_\alpha \sin\theta + i_\beta \cos\theta$, le déterminant se réécrit :

$$\begin{aligned}
D_2 \;=\; & \frac{2L_1\Psi_f(L_0+L_1)}{D^2}(-u_q+R_s i_q) \\
& +\frac{4L_1^2 L_0}{D^2}(i_\beta u_\alpha - i_\alpha u_\beta) - \frac{4R_s L_1^3 \sin 2\theta}{D^2}(i_\alpha^2 + i_\beta^2) \\
& +\frac{4L_1^3 i_\beta}{D^2}(u_\alpha \cos 2\theta + u_\beta \sin 2\theta) + \frac{4L_1^3 i_\alpha}{D^2}(u_\alpha \sin 2\theta - u_\beta \cos 2\theta).
\end{aligned}$$

Le terme $(-u_q + R_s i_q)$ peut être remplacé par $(\omega L_d i_d + L_q \frac{di_q}{dt} + \omega \Psi_f)$, avec toujours l'hypothèse que la vitesse est nulle.

$$\begin{aligned}
D_2 \;=\; & \frac{2L_1\Psi_f(L_0+L_1)}{D^2}(L_q \frac{di_q}{dt}) + \frac{4L_1^2 L_0}{D^2}(i_q u_d - i_d u_q) \\
& -\frac{4R_s L_1^3 \sin 2\theta}{D^2}(i_d^2 + i_q^2) + \frac{4L_1^3}{D^2}(i_q u_d - i_d u_q).
\end{aligned}$$

Si une stratégie type commande vectorielle est utilisée, le courant i_d est contraint à zéro (sauf pour les cas où la machine tourne à une vitesse élevée "field weakening" (Vaclavek, 2007)). Alors, le déterminant peut être simplifié :

$$\begin{aligned}
D_2 \;=\; & \frac{2L_1\Psi_f(L_0+L_1)}{D^2}(L_q \frac{di_q}{dt}) - \frac{4R_s L_1^3 \sin 2\theta}{D^2}(i_q^2) \\
& +\left[\frac{4L_1^2 L_0}{D^2} + \frac{4L_1^3}{D^2}\right](i_q u_d).
\end{aligned}$$

Si la valeur de position (θ) est égale à $k\frac{\pi}{2}$ (pour $k = 0, 1, ...$), le terme $(\frac{4R_s L_1^3 \sin 2\theta}{D^2}(i_q^2))$ disparaît. Cela réduit le déterminant comme suit :

$$D_2 \;=\; \frac{2L_1\Psi_f(L_0+L_1)}{D^2}(L_q \frac{di_q}{dt}) + \left[\frac{4L_1^2 L_0}{D^2} + \frac{4L_1^3}{D^2}\right](i_q u_d).$$

Le rang est plein si et seulement si :

$$\Psi_f(L_0+L_1)(L_q \frac{di_q}{dt}) \neq -\left[2L_1 L_0 + 2L_1^2\right](i_q u_d). \tag{2.32}$$

D'après ces analyses, le déterminant dépend de la tension ainsi que du courant. Sauf pour certaines valeurs de l'entrée u_d et i_q et de sa dérivée, le rang est plein. Toutefois, si le rang n'est pas plein, une solution serait d'injecter des signaux à hautes fréquences comme cela est utilisé (Wallmark, 2005) et (Arias, 2007). Dans ces conditions, la machine synchrone à aimants permanents à pôles saillants devient observable.

Cependant, la garantie de construction d'observateurs pour systèmes non linéaires observables n'est pas certaine. En effet, contrairement aux systèmes linéaires, l'existence d'un observateur pour un système non linéaire ne repose pas nécessairement sur ses propriétés d'observabilité. Un système non linéaire peut être observable sans pour autant que l'on puisse synthétiser un observateur.

2.7 Benchmark "Commande sans capteur Mécanique"

Ce benchmark a été défini dans le cadre de l'action inter GDR du groupe de travail Commande des Entraînements Électriques (CE2). Il a pour objectif de valider les algorithmes de commande sans capteurs de la machine synchrone et donc de l'observation des grandeurs mécaniques dans des trajectoires difficiles définies selon des contraintes industrielles. Les trajectoires de référence du benchmark, présenté par la figure (2.4), sont définies de la manière suivante : la valeur initiale de la vitesse est prise de telle manière que la machine soit dans des conditions observables. A $t = 0.5s$ la vitesse de la machine est portée à $100\,\mathrm{rad/s}$ et reste constante jusqu'à $t = 4s$. Puis, le couple de charge est appliqué entre $1.5s$ et $2.5s$. Cette première phase permet de tester et d'évaluer les performances et la robustesse des lois de commandes sans capteur en basse vitesse avec charge nominale. Ensuite, nous accélérons la machine jusqu'à atteindre une vitesse nominale, puis, à $t = 7s$, nous appliquons à nouveau le couple de charge nominal. Cette deuxième phase a pour but de tester le comportement des lois de commande sans capteur durant un grand transitoire de vitesse, ainsi que leur robustesse en haute vitesse. Ensuite, tout en maintenant le couple de charge nominal, on décélère rapidement la machine, pour atteindre, à $t = 13s$, une vitesse nulle. Par ailleurs, des tests de robustesse sont définis par la variation de la résistance et l'inductance statorique.

2.8 Conclusion

Dans ce chapitre nous avons présenté les avantages ainsi que les applications de la machine synchrone à aimants permanents. Puis, les différents modèles d'état non linéaires des machines synchrones à aimants permanents (MSAP) sinusoïdales ont été exposés. Ensuite, différentes notions d'observabilité ont été rappelées, notamment, quant aux systèmes non linéaires. Par conséquent, nous avons mené l'étude de l'observabilité de cette machine. Cette étude a été faite en utilisant le critère de rang d'observabilité générique. Cet espace est généré par les sorties et leurs dérivées successives. Nous avons pu extraire trois conclusions :

- La machine synchrone à aimants permanents est observable lorsque la vitesse et la position sont mesurées,

- Lorsque ni la vitesse, ni la positon, ne sont mesurées, l'observabilité de la machine synchrone à aimants permanents à pôles lisses ne peut être établie dans le cas où la vitesse est nulle ($\Omega = 0$),

- Lorsque ni la vitesse, ni la positon, ne sont mesurées, l'observabilité de la machine synchrone à aimants permanents à pôles saillants ne peut pas être établie dans le cas où la vitesse est nulle sauf sous la condition (2.32).

L'étude de l'observabilité de la machine a permis de définir le Benchmark "Commande Sans Capteur Mécanique de Machine Synchrone à Aimants Permanents".

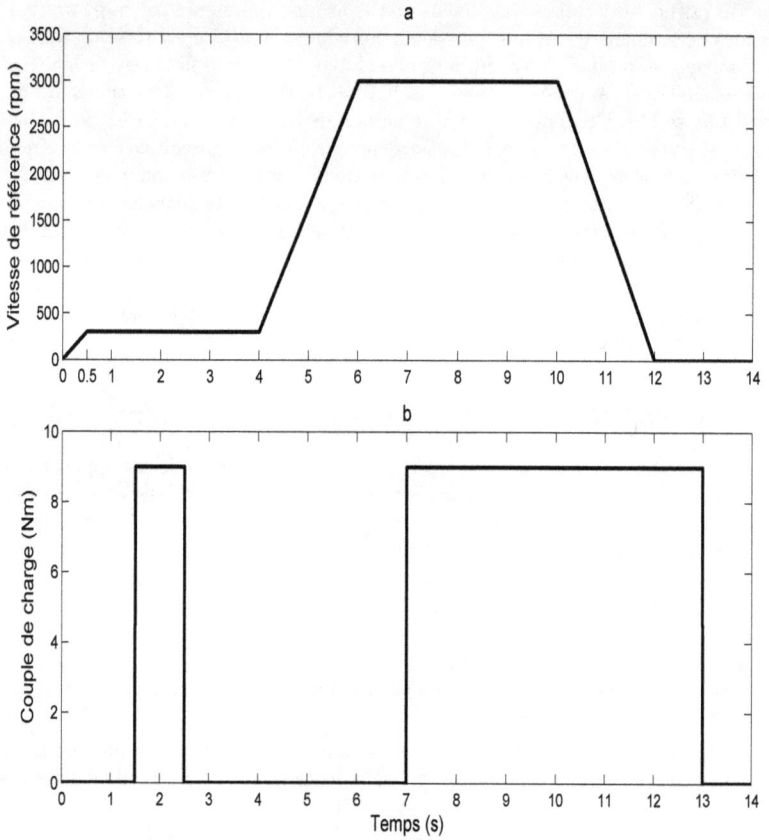

FIGURE 2.4: Benchmark industriel commande sans capteur mécanique :
a -vitesse de référence (rpm)   b -Couple de charge (N.m).

Chapitre 3

Conception d'observateurs non linéaires pour la machine synchrone à aimants permanents sans capteur mécanique

3.1 Introduction

L'industrie ne cesse de chercher à réduire le coût de mise en oeuvre et la maintenance. La tendance générale est donc de minimiser le nombre de capteurs. Les commandes les plus performantes comme "la commande vectorielle" nécessitent une connaissance précise de la position du rotor pour assurer un auto-pilotage. Ces informations proviennent des capteurs mécaniques tels que "les encodeurs, les résolveurs". En effet, la présence des capteurs implique l'augmentation du volume, le coût global du système ainsi que la diminution de la fiabilité de ce dernier. De plus, cela nécessite un bout d'arbre disponible pour les ajouter, ce qui est surtout difficile pour des machines de petites tailles. En outre, dans certains cas (motorisation pour la propulsion navale), il est difficile voire impossible d'y accéder.

Dans le cas où la charge est une entrée inconnue et que l'on ne dispose pas de capteurs de vitesse et de position, il faut donc trouver une technique pour estimer ces grandeur. De ce fait, une solution est l'usage d'observateurs. La synthèse des observateurs dits "capteurs logiciels" qui remplacent les capteurs mécaniques présente une solution prometteuse. C'est pourquoi l'observation et donc la commande sans capteur mécanique devient primordiale.

Il existe actuellement dans la littérature plusieurs techniques de synthèse d'un observateur non linéaire pour la machine synchrone à aimants permanents. En général, ces approches peuvent être classées en deux catégories :

1. approche basée sur l'injection de signal à haute fréquence,

2. approche basée sur le modèle de la machine "Excitation fondamentale".

La première est plutôt appliquée aux machines synchrones à aimants permanents à pôles saillants. L'idée de base porte sur l'exploitation de l'effet de saillance. Cela peut être effectué via l'injection de signal d'excitation supplémentaire à haute fréquence indépendant de l'alimentation fondamentale de la machine. Ces signaux d'excitation peuvent être des signaux de tension ou bien des signaux de courant. Il y a deux méthodes d'injection. La première est de la superposer à l'excitation fondamentale (Miranda, 2007). La deuxième est d'utiliser une Modulation de Largeur d'Impulsions (MLI) modifiée (Arias, 2007). Les hautes fréquences utilisées varient typiquement de 0.5 à 3 kHz (Persson, 2007). Cela signifie que la résistance sera donc négligeable tandis que le courant dépendra surtout de l'inductance. La position du rotor sera ensuite extraite à partir de la mesure du courant ou de la tension à haute fréquence via le traitement des signaux.

Si la machine est à pôles lisses, il n'y aura pas de saillance due à la différence des inductances ($L_d = L_q$) qui a été utilisée ci-dessus pour la détection de la position du rotor. Dans ce cas-là, la saillance d'origine de la saturation magnétique dans le fer. Ce type de saillance est faible. Cela rend cette technique sensible aux non linéarités du convertisseur ainsi que celles du circuit magnétique de la machine (Arias, 2007).

Ces techniques d'injection de signal promettent de donner de meilleurs résultats dans le domaine des basses vitesses y compris à l'arrêt. En revanche, elles souffrent de certains nombres de faiblesses surtout à haute vitesse. Elles provoquent des bruits acoustiques, des ondulations du couple ainsi que des pertes fer supplémentaires qui réduisent le rendement (Wallmark, 2005).

Par conséquent, des solutions qui combinent l'injection de signal à haute fréquence et la méthode classique d'observation dits "observateur-hybrides" ont été proposées récemment (Andreescu, 2008). Autrement dit, à basse vitesse y compris à l'arrêt, la méthode d'injection de signal sera appliquée. Au-delà, l'observation classique prendra le relais. Une combinaison d'un observateur des forces électromotrices étendues (FEME) (pour de plus amples détails) et de l'injection de signal est présentée dans (Doki, 2010). Un observateur non linéaire de type modes glissants a été ajouté à l'injection de signal afin de concevoir une commande sans capteur complète (Rahman, 2010).

Nous nous intéressons ici aux méthodes d'observation basées sur le modèle de la machine ce qui concerne la deuxième approche. Pour les machines synchrones à aimants permanents à pôles lisses (MSAPPL), la majorité des travaux proposés est basée sur l'estimation des forces électromotrices (FEM) puisque ces dernières sont proportionnelles aux grandeurs mécaniques. L'estimation des forces électromotrices peut se classer en deux techniques selon le repère dont lequel l'estimation sera faite. La première technique est d'estimer les composantes de ces forces dans le repère fixe ($\alpha - \beta$) lié au stator. Ensuite, les grandeurs mécaniques tels que la position et la vitesse seront déduits (Vas, 1998), (Yan, 2002) et (Zhao, 2007). La deuxième technique est d'estimer ces composantes dans un repère tournant hypothétique (virtuel) ($\delta - \gamma$). Si repère coïncide avec le repère synchrone ($d - q$), la composante directe de FEM dans ce repère hypothétique devient nulle (Nahid, 2001) et (Vasilios, 2008). Cela introduit un critère très fort qui permet de corriger la position et la vitesse du repère hypothétique pour qu'il se synchronise avec le repère tournant ($d - q$) lié au rotor. Conséquemment, la position et la vitesse du rotor se déduisent directement de la position et la vitesse du repère hypothétique.

Par contre, cette méthode ne convient pas aux machines synchrones à aimants permanents à pôles saillants (MSAPPS, $L_d \neq L_q$), où les informations de la position sont contenues non seulement dans la FEM, mais aussi dans les inductances. Par conséquent, le concept des forces électromotrices étendues (FEME) a été développé soit dans un repère hypothétique ci-haut mentionné (Morimoto, 2002) ou soit dans un repère fixe ($\alpha - \beta$) (Chen, 2003). L'estimation du flux permet aussi de déterminer la vitesse et la position du rotor. Un estimateur de FEM a été présenté dans (Kim, 1997) pour estimer la position ainsi que la vitesse. Ce schéma est sensible aux bruits et également au changement de la résistance. Un observateur pour estimer le flux rotorique a été développé (Chen, 2000).

Dans (Dhaouadi, 1991) et (Xu, 2003) des observateurs à l'aide de filtre de Kalman étendu (FKE) ont été utilisés. Bien que ce filtre est stable et bien connu, il entraîne un coût de calcul important et nécessite une initialisation bien précise. En revanche, (Boulbair, 2004) a développé un filtre de Kalman étendu discret. L'algorithme utilisé présente l'avantage de réduire le coût de calcul (-3.6%) en comparaison à un filtre classique. Un autre observateur plus efficace dit filtre de Kalman à deux niveaux a été proposé (Akrad, 2008). Le filtrage de Kalman à deux niveaux permet une réduction notable du coût de calcul (-21%) tout en conservant les performances du FKE conventionnel.

Certains observateurs basés sur la technique de modes glissants ont été l'objet de nombreux travaux : soit des observateurs d'ordre un (Yan, 2002), (Paponpen, 2006), (Ezzat, 2010d) ou soit ceux d'ordre supérieure (Ezzat, 2010b), (Zaltni, 2010). Ces observateurs sont réputés pour leur robustesse vis-à-vis des incertitudes du modèle. La synthèse de ce type d'observateur ne requiert pas la connaissance exacte du système, mais uniquement la valeur maximale des incertitudes ou des non linéarités qui perturbent le modèle nominal du système.

Les réseaux de neurones artificiels intègrent l'estimation des grandeurs mécaniques des machines synchrones à aimants permanents. Dans (Liu, 2006), un observateur basé sur cette technique a été conçu pour la MSAPPL. De même, dans (Halder, 2010), un observateur porte sur la même technique a été appliqué à la MSAPPS. Celui-ci estime la position tandis que la vitesse est supposée connue.

Par ailleurs, des observateurs adaptatifs ont été présentés (Furuhashi, 1992), (Cascella, 2003). Des observateurs interconnectés à grand gain ont été développés (Besançon, 1998), (Traore, 2008), (Ezzat, 2011), (Giri, 2010). Ce dernier a été défini dans le repère fixe ($\alpha - \beta$) pour l'application de l'éolienne.

De plus, la méthode de modèle de référence adaptatif a été étudiée (Kim, 2003) et (Rashed, 2007). Dans ce dernier article, il a été démontré que l'estimation simultanée de la résistance statorique et le flux rotorique n'est pas possible.

En conclusion, de nombreux articles récents donnent des résultats sur l'observation de la machine synchrone à aimants permanents sans capteur mécanique. Les méthodes citées auparavant sont testées généralement en haute vitesse et basse vitesse. Mais, peu sont celles qui tiennent compte des problèmes d'inobservabilité dans leurs tests. En particulier, la machine synchrone à aimants permanents à pôles lisses (MSAPPL) présente une singularité d'observation à vitesse nulle (Ezzat, 2010a), ce qui n'est pas bien abordé dans les travaux sur les observateurs car peu de travaux donne des résultats expérimentaux à vitesse faible ou nulle et aussi les tests de robustesse.

Pour l'observation de la machine synchrone à aimants permanents à pôles lisses, nous proposons dans ce chapitre quatre techniques de synthèse d'observateur non linéaire pour cette machine : un observateur par modes glissants d'ordre un basé sur la FEM, un observateur par modes glissants d'ordre un basé sur le modèle complet, un observateur par modes glissants d'ordre supérieur en appliquant l'algorithme "Super Twisting" et un observateur adaptatif interconnecté. Ces observateurs ont pour but de reconstruire les variables mécaniques non mesurées (vitesse et position) de la machine à partir de l'unique mesure des grandeurs électriques (courants et tensions statoriques).

Dans ce qui suit, nous présentons l'étude détaillée de la synthèse de chacun des observateurs non linéaires cités dans ce dernier paragraphe. En outre, une analyse des performances et de la robustesse des méthodes proposées vis-à-vis des incertitudes paramétriques est détaillée.

3.2 Observateurs à modes glissants d'ordre un

Une des classes les plus connues des observateurs non linéaires robustes est celle des observateurs à modes glissants. Un observateur à modes glissants est un observateur dont le terme correcteur est une fonction *sign* discontinue. Ce type d'observateur est basé sur la théorie des systèmes à structure variable. Le principe des observateurs à modes glissants consiste à contraindre, à l'aide de fonctions discontinues, les dynamiques d'un système d'ordre n à évoluer en temps fini sur une variable $\mathbf{S}$, de dimension $(n - p)$, dite surface de glissement. Cette variable est définie ($\mathbf{S} = \{x \mid s(x,t) = 0\}$). L'attractivité et l'invariance de cette surface est assurée par des conditions appelées conditions de glissement. Si ces conditions sont vérifiées, le système converge vers la surface de glissement et y évolue selon une dynamique d'ordre $(n - p)$. Dans le cas des observateurs à modes glissants, les dynamiques concernées sont celles de l'erreur d'observation de l'état ($\bar{x} = x - \hat{x}$), où $\bar{x}$ est l'erreur, x est l'état et $\hat{x}$ est l'estimation de l'état. A partir de leurs valeurs initiales ($\bar{x}(0)$), ces erreurs convergent vers les valeurs d'équilibre en deux étapes :

1. Premièrement, la trajectoire des erreurs d'observation évolue vers la surface de glissement sur laquelle les erreurs entre la sortie de l'observateur et la sortie du système réel (les mesures) : ($\bar{y} = y - \hat{y}$), sont nulles. Cette étape, qui généralement est très dynamique, est appelée mode d'atteinte (ou reaching mode).

2. Deuxièment, la trajectoire des erreurs d'observation glisse sur la surface de glissement, définie par ($\bar{y} = 0$), avec des dynamiques imposées de manière à annuler le reste de l'erreur d'observation. Ce dernier mode est appelé mode de glissement (ou sliding mode).

3.2.1 Observateur basé sur la FEM

(Ezzat, 2010a), (Ezzat, 2010c)

Parmi les différentes méthodes d'observation utilisées, pour leurs qualités de robustesse les observateurs à modes glissants ont été largement étudiés : (Elbuluk, 2001), (Yan, 2002), (Zhao, 2007). Nous allons développer un observateur à modes glissants pour estimer les grandeurs mécaniques non mesurées en utilisant les forces électromotrices (FEM), définies selon l'équation (2.22).

A partir des travaux cités ci-dessus, en supposant que la vitesse varie lentement, c'est-à-dire $\dot{\omega} \approx 0$, les dynamiques des FEM peuvent s'écrire comme suit :

$$\frac{de_\alpha}{dt} = -\omega e_\beta,$$
$$\frac{de_\beta}{dt} = \omega e_\alpha. \tag{3.1}$$

Pour estimer à la fois la vitesse et la position du rotor, l'observateur est basé tout d'abord sur l'estimation des courants statoriques à partir des mesures des courants statoriques et des tensions statoriques. A l'aide des écarts sur l'estimation des courants, les FEM sont reconstruites. Donc, un observateur à modes glissants peut être conçu à partir des équations électriques dans le repère fixe $(\alpha - \beta)$ (2.21) et les dynamiques des FEM (3.1) :

$$
\begin{aligned}
\dot{\hat{i}}_\alpha &= \frac{-R_s}{L_s}i_\alpha - \frac{\hat{e}_\alpha}{L_s} + \frac{1}{L_s}u_\alpha + K_1 sgn(\bar{i}_\alpha) \\
\dot{\hat{i}}_\beta &= \frac{-R_s}{L_s}i_\beta - \frac{\hat{e}_\beta}{L_s} + \frac{1}{L_s}u_\beta + K_1 sgn(\bar{i}_\beta) \\
\dot{\hat{e}}_\alpha &= -\hat{e}_\beta\hat{\omega} + K_2 sgn(\bar{i}_\alpha) \\
\dot{\hat{e}}_\beta &= \hat{e}_\alpha\hat{\omega} + K_2 sgn(\bar{i}_\beta)
\end{aligned} \tag{3.2}
$$

où

$\hat{i}_\alpha$, $\hat{i}_\beta$ sont les courants estimés,
$\bar{i}_\alpha, \bar{i}_\beta$ sont les erreurs d'estimation des courants i_α et i_β respectivement,
K_1 et K_2 sont les gains de l'observateur.
La vitesse estimée $\hat{\Omega}$ peut être calculée de l'équation (2.22) comme suit :

$$
\begin{aligned}
\hat{\omega} &= \frac{1}{\psi_f}\sqrt{\hat{e}_\alpha^2 + \hat{e}_\beta^2}\, sgn(E_q) \\
\hat{\Omega} &= \frac{1}{p}\hat{\omega}.
\end{aligned} \tag{3.3}
$$

La position électrique $\hat{\theta}_e$ peut être estimée soit par l'intégration de la vitesse :

$$\hat{\theta}_e = \int \hat{\omega} dt + \theta_o$$

avec θ_o condition initiale, soit des FEM comme :

$$\hat{\theta}_e = \arctan 2\left(-\hat{e}_\alpha, \hat{e}_\beta\right){}^1.$$

Ici, c'est la première méthode qui est appliquée pour le calcul en supposant que la condition initiale θ_o est connue. Ensuite, la position angulaire mécanique est obtenue de $\hat{\theta} = \frac{1}{p}\hat{\theta}_e$.

Il faut noter que la machine a seulement une charge de type inertielle (machine de charge + accouplement + capteur de couple).

---

1. (arctan 2) est la fonction (arctan) à deux arguments définie entre $-\pi$ et $+\pi$.

3.2.2 Analyse de la stabilité

Les dynamiques des erreurs d'estimation, obtenue par la différence entre l'équation (2.21) et l'équation (3.2), sont :

$$
\begin{aligned}
\dot{\bar{i}}_\alpha &= \frac{-R_s}{L_s}\bar{i}_\alpha - \frac{\bar{e}_\alpha}{L_s} - K_1 sgn(\bar{i}_\alpha) \\
\dot{\bar{i}}_\beta &= \frac{-R_s}{L_s}\bar{i}_\beta - \frac{\bar{e}_\beta}{L_s} - K_1 sgn(\bar{i}_\beta)
\end{aligned}
\tag{3.4}
$$

avec

$$
\begin{aligned}
\bar{i}_\alpha &= i_\alpha - \hat{i}_\alpha, \qquad \bar{i}_\beta = i_\beta - \hat{i}_\beta. \\
\bar{e}_\alpha &= e_\alpha - \hat{e}_\alpha, \qquad \bar{e}_\beta = e_\beta - \hat{e}_\beta.
\end{aligned}
$$

L'analyse de la convergence est effectuée selon la méthode étape par étape (Boukhobza, 1998) à l'aide de fonctions candidates de Lyapunov.

• **Première étape :**

$$
V = \frac{1}{2}(\bar{i}_\alpha^2 + \bar{i}_\beta^2).
\tag{3.5}
$$

La dérivée temporelle de cette fonction est :

$$
\dot{V} = \bar{i}_\alpha \dot{\bar{i}}_\alpha + \bar{i}_\beta \dot{\bar{i}}_\beta,
\tag{3.6}
$$

$$
\begin{aligned}
\dot{V} &= \frac{-R_s}{L_s}\bar{i}_\alpha^2 - \frac{\bar{e}_\alpha \bar{i}_\alpha}{L_s} - \bar{i}_\alpha K_1 sgn(\bar{i}_\alpha) \\
&\quad - \frac{R_s}{L_s}\bar{i}_\beta^2 - \frac{\bar{e}_\beta \bar{i}_\beta}{L_s} - \bar{i}_\beta K_1 sgn(\bar{i}_\beta).
\end{aligned}
\tag{3.7}
$$

L'observateur des courants est stable pourvu que $\dot{V} < 0$.
Les termes suivants sont stables puisque leurs valeurs sont inférieures à zéro

$$
\frac{-R_s}{L_s}\bar{i}_\alpha^2 \leq 0
$$
$$
\frac{-R_s}{L_s}\bar{i}_\beta^2 \leq 0.
$$

Il suffit de satisfaire l'inégalité suivante :

$$
-\frac{\bar{e}_\alpha \bar{i}_\alpha}{L_s} - K_1 |\bar{i}_\alpha| - \frac{\bar{e}_\beta \bar{i}_\beta}{L_s} - K_1 |\bar{i}_\beta| < 0,
\tag{3.8}
$$

cela implique l'inégalité suivante :

$$
K_1 > max\left(\left|\frac{\bar{e}_\alpha}{L_s}\right|, \left|\frac{\bar{e}_\beta}{L_s}\right|\right).
\tag{3.9}
$$

$(max\,|\bar{e}_\alpha|)$ et $(max\,|\bar{e}_\beta|)$ étant les valeurs maximales de e_α et e_β respectivement pour $t \in [0, \infty[$.

Après un temps fini t_0, la convergence de l'observateur des courants sera atteinte vers les surfaces de glissement, en d'autres termes, $\hat{i}_\alpha$ et $\hat{i}_\beta$ tendent vers i_α et i_β respectivement après t_0. A ce stade $\dot{\tilde{i}}_\alpha = 0$ et $\dot{\tilde{i}}_\beta = 0$, alors à partir de (3.4) il est possible d'appliquer la commande équivalente lors du glissement sur ces surfaces.

- **Deuxième étape :**

$$\begin{aligned}
\bar{e}_\alpha &= -L_s K_1 sgn_{eq}(\bar{i}_\alpha)\\
\bar{e}_\beta &= -L_s K_1 sgn_{eq}(\bar{i}_\beta),
\end{aligned} \tag{3.10}$$

où, $sgn_{eq}(\cdot)$ est la fonction équivalente à la fonction $sgn(\cdot)$ sur la surface de glissement (Filippov, 1988).

A partir des équations (3.1) et (3.2), les dynamiques des erreurs des forces électromotrices sont :

$$\begin{aligned}
\dot{\tilde{e}}_\alpha &= -\omega e_\beta + \hat{e}_\beta \hat{\omega} - K_2 sgn_{eq}(\bar{i}_\alpha)\\
\dot{\tilde{e}}_\beta &= \omega e_\alpha - \hat{e}_\alpha \hat{\omega} - K_2 sgn_{eq}(\bar{i}_\beta).
\end{aligned} \tag{3.11}$$

Ces équations peuvent être récrites à partir de (3.10) comme :

$$\begin{aligned}
\dot{\tilde{e}}_\alpha &= -\bar{\omega} e_\beta - \omega \bar{e}_\beta + \frac{\bar{e}_\alpha}{K_1 L_s} K_2\\
\dot{\tilde{e}}_\beta &= \bar{\omega} e_\alpha - \omega \bar{e}_\alpha + \frac{\bar{e}_\beta}{K_1 L_s} K_2.
\end{aligned} \tag{3.12}$$

En prenant une nouvelle fonction candidate de Lyapunov, on obtient

$$V' = \frac{1}{2}(\bar{e_\alpha}^2 + \bar{e_\beta}^2). \tag{3.13}$$

La dérivée temporelle de cette nouvelle fonction est :

$$\dot{V'} = \bar{e}_\alpha \dot{\tilde{e}}_\alpha + \bar{e}_\beta \dot{\tilde{e}}_\beta \tag{3.14}$$

alors

$$\begin{aligned}
\dot{V'} &= -\bar{\omega} \bar{e}_\alpha e_\beta + \omega \bar{e}_\alpha \bar{e}_\beta + \frac{\bar{e}_\alpha^2}{K_1 L_s} K_2\\
&+ \bar{\omega} \bar{e}_\beta e_\alpha - \omega \bar{e}_\beta \bar{e}_\alpha + \frac{\bar{e}_\beta^2}{K_1 L_s} K_2.
\end{aligned} \tag{3.15}$$

Il suffit de satisfaire l'inéquation :

$$K_2 < -max(\frac{a}{b}), \tag{3.16}$$

où

$$a = -\bar{\omega} \bar{e}_\alpha e_\beta + \bar{\omega} \bar{e}_\beta e_\alpha, \qquad b = \frac{\bar{e}_\alpha^2 + \bar{e}_\beta^2}{K_1 L_s}.$$

en choisissant K_2 en fonction du choix de K_1 (3.9) pour satisfaire (3.16).

3.3 Résultats de simulation de l'observateurs basé sur la FEM

Pour la validation de cet observateur en simulation, des testes sont été réalisés sous *Matlab/Simulink*. Ces testes sont divisés en deux parties : d'une part, l'observateur a été testé avec les paramètres nominales, et d'autre part avec des variations paramétriques pour tester la robustesse de l'observateur basé sur la FEM. La figure (3.1) représente le cas nominale. Les figures (3.2) et (3.3) montres la performance de l'observateur basé sur la FEM lors des variations de la résistance statorique de +50% et −50% de sa valeur nominale respectivement. Un autre teste de robustesse a été effectué. Ce teste est présenté par les figures (3.4) et (3.5). Il sagit des variations de l'inductance statorique de +20% et puis de −20% de sa valeur nominale. Ces résultats de simulation montrent de bonne performance de cet observateur. L'écart entre la vitesse estimée et sa mesure est très faible environ 0.08%. Une erreur est survenue au moment du changement de la vitesse. Ceci est peut être du au fait que nous n'avons pas pris en compte la dynamique de la vitesse.

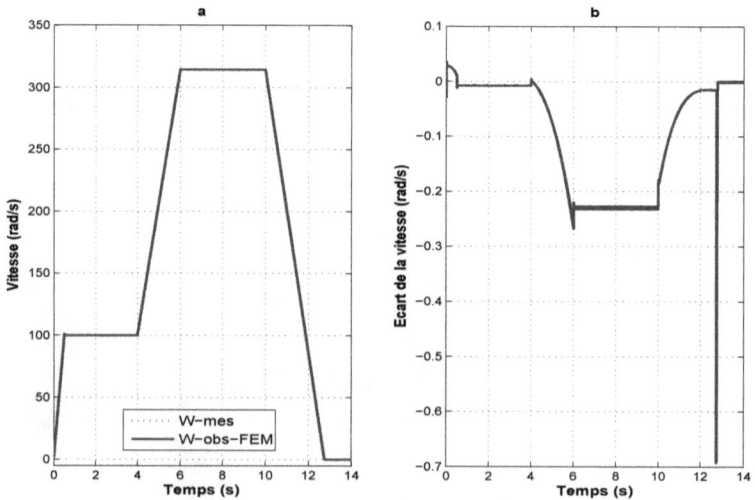

FIGURE 3.1: Cas nominal : a) Vitesse   b) Écart de la vitesse

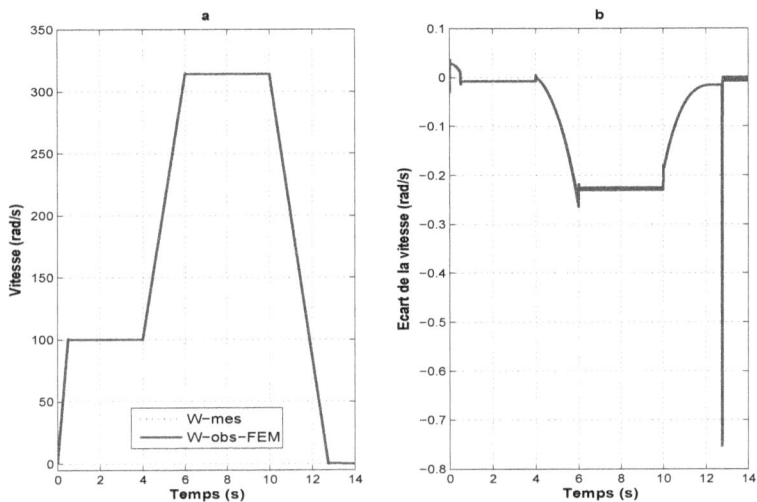

FIGURE 3.2: $+50\%R_s$: a) Vitesse   b) Écart de la vitesse

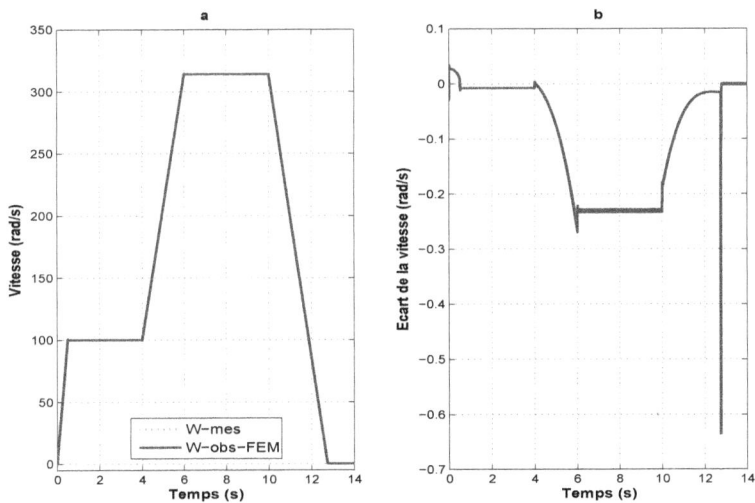

FIGURE 3.3: $-50\%R_s$: a) Vitesse   b) Écart de la vitesse

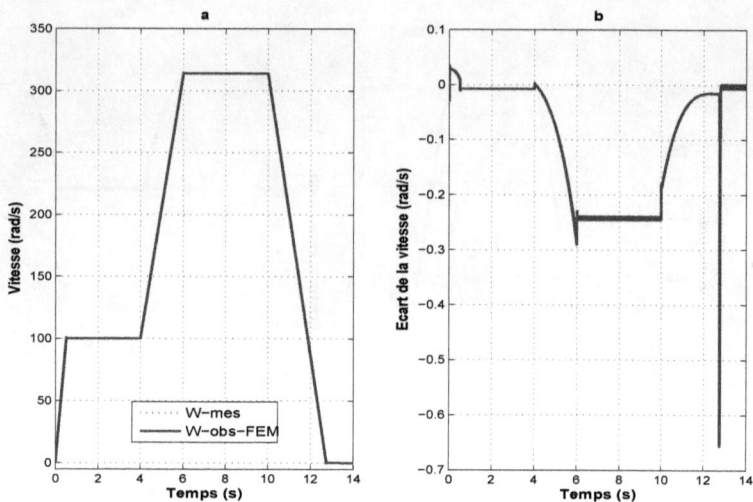

FIGURE 3.4: $+20\%L_s$: a) Vitesse   b) Écart de la vitesse

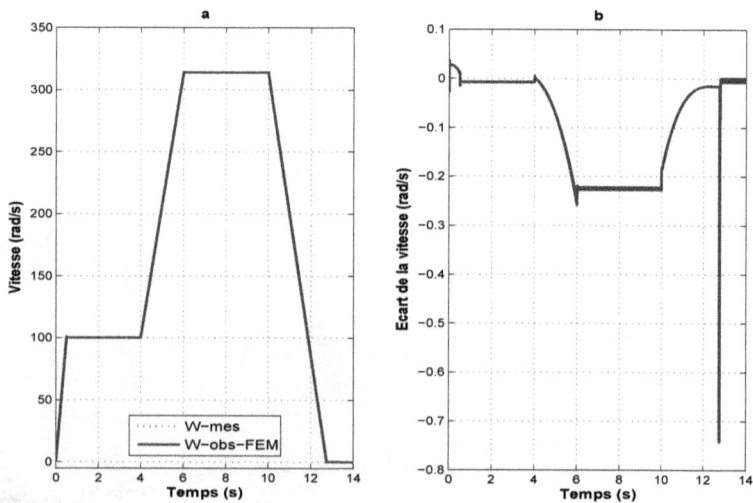

FIGURE 3.5: $-20\%L_s$: a) Vitesse   b) Écart de la vitesse

3.4   Résultats expérimentaux

(Ezzat, 2010a)

Afin de vérifier et de valider l'efficacité de cet observateur, des tests expérimentaux ont été réalisés sur la plate-forme d'essai située au Laboratoire IRCCyN (Nantes, France, (Web)). Les paramètres du moteur avec lesquels l'observateurs est testé, sont donnés par le tableau (3.1). Ce moteur est couplé à une autre machine synchrone. Les caractéristiques du banc d'essai sont données dans l'Annexe A.

L'objectif de ces essais est de tester l'observateur proposé auparavant en sections 3.2.1. Cet observateur est donc implémenté sur une carte temps réel DSPACE ainsi d'ailleurs qu'une commande de la vitesse par modes glissants d'ordre supérieur. Pour cette commande (et seulement pour elle!), la position et la vitesse du rotor sont calculées grâce à un codeur incrémental. Les seules données fournies à cet observateur sont les mesures des courants statoriques et les tensions statoriques de commande. Pour caler la position initiale du rotor θ_o à la valeur 0 des tensions statoriques de calage sont préalablement envoyées au moteur.

La trajectoire de la vitesse associée au Benchmark est donnée en Figure (2.4). Les Figures (3.6) et (3.7) montrent les résultats en utilisant les paramètres nominaux identifiés sur le banc. La vitesse estimée est donnée par la figure (3.6). On peut remarquer que, comme les valeurs réelles des paramètres sont en fait différentes de celle des paramètres identifiés, un premier test de robustesse de cet observateur est ainsi réalisé.

Toutefois pour valider plus précisément la robustesse de l'observateur basé sur la FEM développé précédemment, des tests spécifiques ont été réalisés. La Figure (3.8) montre les résultats pour l'observateur conçu volontairement avec une erreur de +50% sur la valeur nominale de la résistance statorique sans que les gains ne soient modifiés par rapport à l'essai "nominal". Un autre essai de variation de −50% sur la résistance est montré en figure (3.9). De plus les résultats avec des variations de +20% et −20% sur l'inductance statorique sont donnés Figure (3.10) et Figure (3.11) respectivement. Tous ces résultats montrent que l'observateur basé sur la FEM est plus sensible aux variations paramétriques. Ainsi, la présence d'une écart entre la vitesse estimée et sa mesure lors du changement de la vitesse.

TABLE 3.1: Paramètres nominaux de la MSAP

Puissance nominale	$2,83\,kW$
Couple nominal	$9\,Nm$
Vitesse nominale	$3000\,rpm$
Courant nominal	$9.67A$
Flux nominal (ψ_f)	$0.1814\,Wb$
Résistance statorique (R_s)	$0.45\,\Omega$
Inductance statorique (L_s)	$3.425\,mH$
Inertie du moteur	$0.00299\,kg.m^2$
Inertie totale	$0.00679\,kg.m^2$
Frottements visqueux (f_v)	$0.0034\,Nm/s$
Nombre de paires de pôles (p)	3

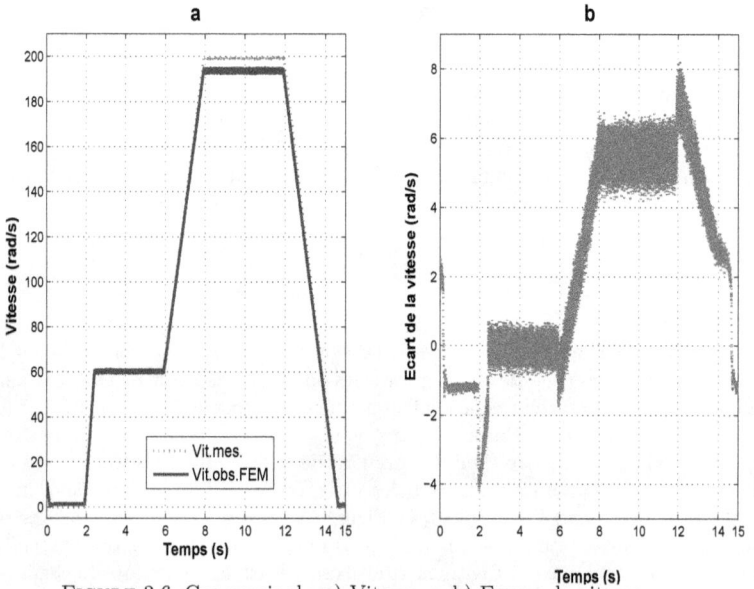

FIGURE 3.6: Cas nominal : a) Vitesse   b) Erreur de vitesse

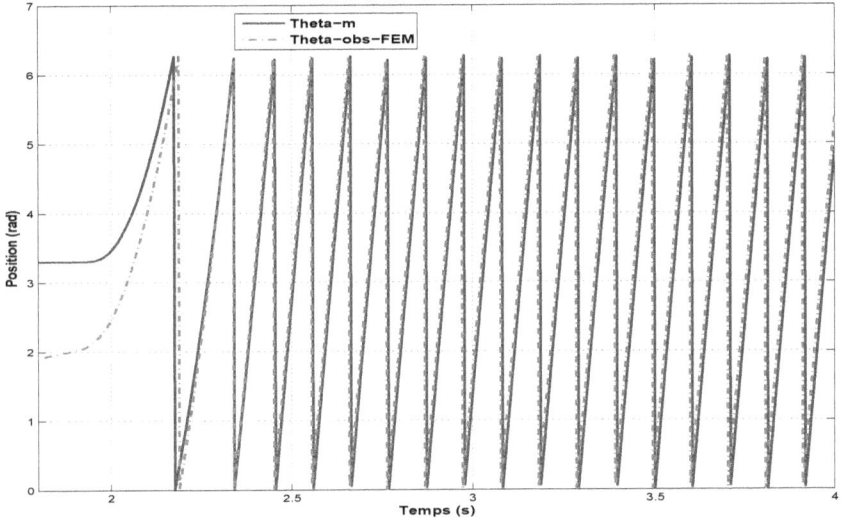

FIGURE 3.7: Cas nominal : Position estimée de l'observateur FEM.

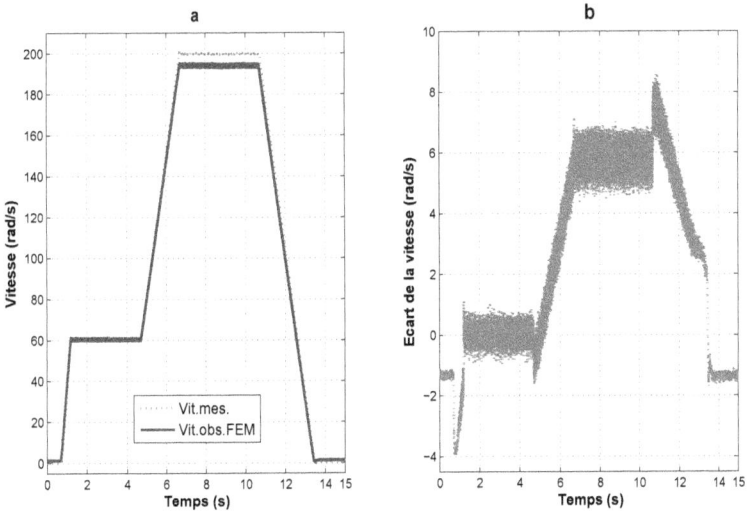

FIGURE 3.8: $+50\% R_s$: a) Vitesse   b) Erreur de la vitesse

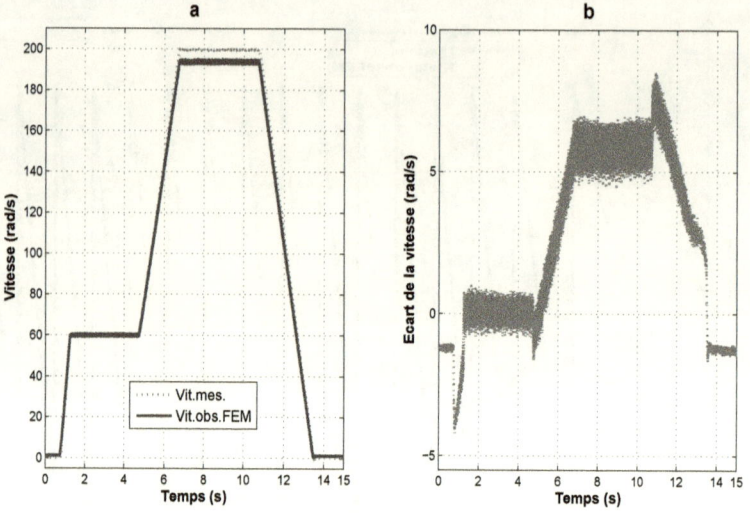

FIGURE 3.9: $-50\%R_s$: a) Vitesse   b) Erreur de la vitesse

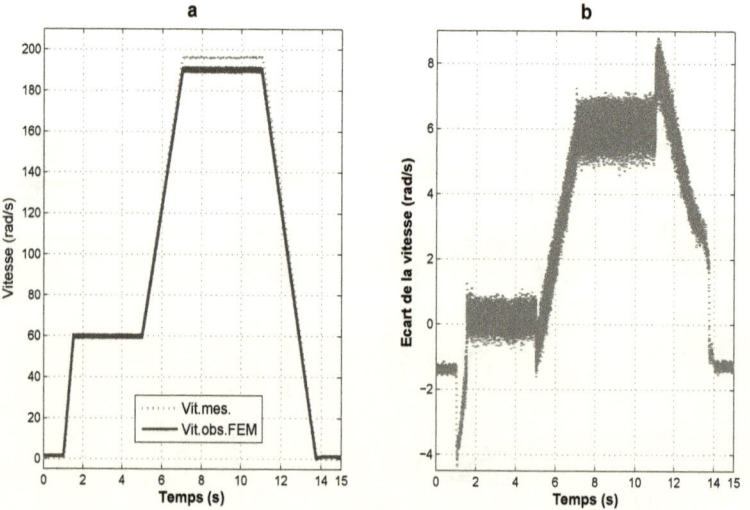

FIGURE 3.10: $+20\%L_s$: a) Vitesse   b) Erreur de la vitesse

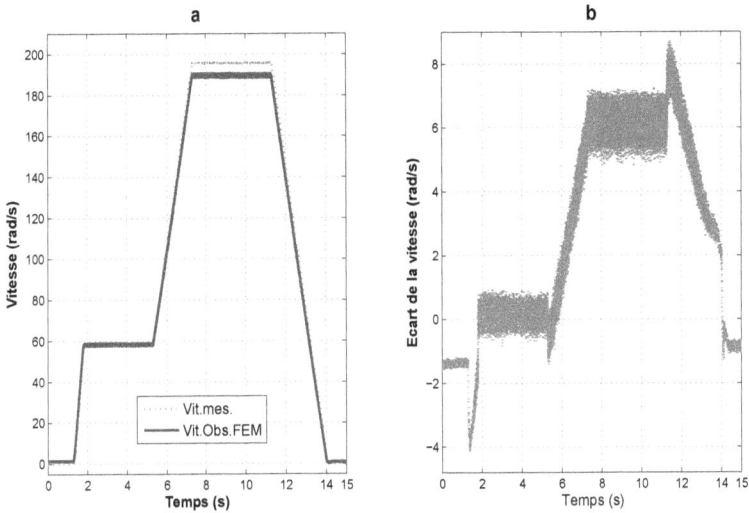

FIGURE 3.11: $-20\%L_s$: a) Vitesse   b) Erreur de la vitesse

Remarque 5 *Après avoir analysé les résultats de simulation ainsi que ceux expérimentaux, nous avons remarquons que :*

- *L'observateur basé sur la FEM ne tient pas compte de la dynamique de la vitesse ni les incertitudes paramétriques.*

- *La présence du phénomène de chattering lié à la technique modes glissants d'ordre un.*

- *l'observateur n'est pas suffisamment robuste.*

Pour ces raisons, nous allons proposer un autre observateur basé sur la FEM. Mais celui-la tiens compte de la dynamique de la vitesse ainsi que les incertitudes paramétriques. De plus, nous allons utiliser la technique des modes glissants d'ordre supérieur afin de réduire le problème de chattering.

3.5 Observateurs à modes glissants d'ordre supérieur "super twisting"

La technique des modes glissants d'ordre supérieur a été introduite dans les années 80 par Emelyanov. Cette technique possède non seulement des bonnes propriétés de robustesse par rapport aux incertitudes paramétriques, aux erreurs de modélisation et aux perturbations mais aussi la simplicité de mise en oeuvre des modes glissants classiques. Son atout remarquable, c'est qu'elle permet la réduction du phénomène de réticence "chattering", tout en conservant les performances du système. En outre, dans le cas des modes glissants d'ordre supérieur et contrairement à celui par modes glissants classique, la discontinuité agit, non plus sur la première dérivée de la variable de glissement, mais sur une dérivée d'ordre supérieur. Cet observateur permet de reconstruire les variables d'état non mesurables à partir des mesures disponibles.

Pour construire l'observateur, nous allons mettre le système (2.21) sous une forme adéquate. Définissant le changement de variable suivant :

$$\begin{cases} e_\alpha = -p\psi_f \Omega sin(\theta_e), \\ e_\beta = p\psi_f \Omega cos(\theta_e), \end{cases} \tag{3.17}$$

en considérant l'équation (3.17), le système (2.21) devient :

$$\begin{aligned}
\frac{di_\alpha}{dt} &= -\frac{R_{s0}}{L_{s0}}i_\alpha - \frac{1}{L_{s0}}e_\alpha + \frac{1}{L_{s0}}v_\alpha + \Delta_1(., R_s, L_s) \\
\frac{di_\beta}{dt} &= -\frac{R_{s0}}{L_{s0}}i_\beta - \frac{1}{L_{s0}}e_\beta + \frac{1}{L_{s0}}v_\beta + \Delta_2(., R_s, L_s) \\
\frac{de_\alpha}{dt} &= -\frac{p^2\psi_f^2}{J}S_{\theta_e}(i_\beta C_{\theta_e} - i_\alpha S_{\theta_e}) - \frac{f_v}{J}e_\alpha + \frac{p\psi_f}{J}S_{\theta_e}T_l - \Omega e_\beta + \Delta_3(R_s, L_s) \\
\frac{de_\beta}{dt} &= \frac{p^2\psi_f^2}{J}C_{\theta_e}(i_\beta C_{\theta_e} - i_\alpha S_{\theta_e}) - \frac{f_v}{J}e_\beta - \frac{p\psi_f}{J}C_{\theta_e}T_l + \Omega e_\alpha + \Delta_4(R_s, L_s)
\end{aligned} \tag{3.18}$$

avec,

$$C_{\theta_e} = cos(\theta_e)$$
$$S_{\theta_e} = sin(\theta_e)$$

R_{s0} et L_{s0} sont les valeurs nominales de la résistance et de l'inductance respectivement. $\Delta_i(R_s, L_s)$, avec $i = 1, ..4$; représente les incertitudes paramétriques.

A partir de l'équation (3.17), nous obtenons la position ainsi que la vitesse :

$$\theta_e = -\arctan 2(\frac{e_\alpha}{e_\beta}),$$

$$|\Omega| = \frac{1}{p\psi_f}\sqrt{(e_\alpha{}^2 + e_\beta{}^2)}.$$

Le signe de la vitesse est calculé de la force électomagnétique de l'axe-q.

A l'aide de ce changement de variable et en décomposant le vecteur d'état x en deux vecteurs X_1 et X_2, le système (3.18) peut être représenté sous la forme canonique :

$$\begin{aligned}
\dot{X}_1 &= X_2 + \Phi(U,Y) + \Delta\xi_1 \\
\dot{X}_2 &= F(X_1, X_2) + \Delta\xi_2
\end{aligned} \tag{3.19}$$

où,

$$X_1 = \begin{bmatrix} x_{1,1} \\ x_{1,2} \end{bmatrix} = \begin{bmatrix} i_\alpha \\ i_\beta \end{bmatrix}, \qquad X_2 = \begin{bmatrix} x_{2,1} \\ x_{2,2} \end{bmatrix} = \begin{bmatrix} -\frac{1}{L_s}e_\alpha \\ -\frac{1}{L_s}e_\beta \end{bmatrix},$$

$$U = \begin{bmatrix} v_\alpha \\ v_\beta \end{bmatrix}, \qquad Y = \begin{bmatrix} i_\alpha \\ i_\beta \end{bmatrix}, \qquad \Phi(U,Y) = -\frac{R_s}{L_s}X_1 + \frac{1}{L_s}U,$$

$$F(X_1, X_2) = \begin{bmatrix} -\frac{p^2\psi_f^2}{J}S_{\theta_e}(i_\beta C_{\theta_e} - i_\alpha S_{\theta_e}) + \frac{f_v}{J}e_\beta - \Omega e_\beta \\ \frac{p^2\psi_f^2}{J}C_{\theta_e}(i_\beta C_{\theta_e} - i_\alpha S_{\theta_e}) + \frac{f_v}{J}e_\alpha - \Omega e_\alpha \end{bmatrix}$$

$$S_{\theta_e} = \frac{-e_\alpha}{\sqrt{e_\beta{}^2 + e_\beta{}^2}} = \frac{x_{2,1}}{\sqrt{x_{2,1}{}^2 + x_{2,2}{}^2}}, \qquad C_{\theta_e} = \frac{e_\beta}{\sqrt{e_\beta{}^2 + e_\beta{}^2}} = \frac{-x_{2,2}}{\sqrt{x_{2,1}{}^2 + x_{2,2}{}^2}},$$

$$\Delta\xi_1 = \begin{bmatrix} \Delta_1(R_s, L_s) \\ \Delta_2(R_s, L_s) \end{bmatrix} \quad \text{et} \quad \Delta\xi_2 = \begin{bmatrix} \Delta_3(R_s, L_s) \\ \Delta_4(R_s, L_s) \end{bmatrix}.$$

3.5.1 Synthèse d'observateur à modes glissants d'ordre supérieur

L'observateur proposé est basé sur l'approche des modes glissements d'ordre supérieur. Cet observateur utilise l'algorithme du super twisting (Davila, 2005) et (Floquet, 2007). un système avec retour de sortie basé sur un différenciateur est utilisé pour reconstruire les états non mesurables.

L'observateur basé sur l'algorithme super twisting pour le système (3.19) peut être conçu comme suit :

$$\begin{aligned}
\dot{\hat{X}}_1 &= \hat{X}_2 + \Phi(U,Y) + \alpha_2\lambda(\tilde{X}_1)sign(\tilde{X}_1) \\
\dot{\hat{X}}_2 &= F(\hat{X}_1, \hat{X}_2) + \alpha_1 sign(\tilde{X}_1)
\end{aligned} \tag{3.20}$$

où
α_1 et α_2 sont les gains de l'observateur. Ces gains sont définis comme suit :

$$\alpha_1 = \begin{bmatrix} \alpha_{1,1} & 0 \\ 0 & \alpha_{1,2} \end{bmatrix}, \qquad \alpha_2 = \begin{bmatrix} \alpha_{2,1} & 0 \\ 0 & \alpha_{2,2} \end{bmatrix}.$$

En posant $\tilde{X}_1$ l'erreur entre l'état réel et l'état estimé, tel que

$$\tilde{X}_1 = X_1 - \hat{X}_1 = \begin{bmatrix} X_{1,1} - \hat{X}_{1,1} \\ X_{2,1} - \hat{X}_{2,1} \end{bmatrix} = \begin{bmatrix} i_\alpha - \hat{i}_\alpha \\ i_\beta - \hat{i}_\beta \end{bmatrix}.$$

$$\lambda(\widetilde{X}_1) = \begin{bmatrix} |X_{1,1} - \hat{X}_{1,1}|^{\frac{1}{2}} & 0 \\ 0 & |X_{2,1} - \hat{X}_{2,1}|^{\frac{1}{2}} \end{bmatrix}.$$

$$sign(\widetilde{X}_1) = \begin{bmatrix} sign(X_{1,1} - \hat{X}_{1,1}) & 0 \\ 0 & sign(X_{1,2} - \hat{X}_{1,2}) \end{bmatrix}.$$

3.5.2 Analyse de la stabilité

Nous nous intéressons à la preuve de la stabilité de l'observateur (3.20). Nous définissons, à partir de (3.19) et (3.20), l'erreur d'estimation comme $\widetilde{X} = X_1 - \hat{X}$. Les dynamiques de l'erreur sont données par :

$$\begin{aligned} \dot{\widetilde{X}}_1 &= \widetilde{X}_2 - \alpha_2 \lambda(\widetilde{X}_1) sign(\widetilde{X}_1) + \Delta\xi_1 \\ \dot{\widetilde{X}}_2 &= \widetilde{F}(X_1, X_2, \hat{X}_2) - \alpha_1 sign(\widetilde{X}_1) \end{aligned} \qquad (3.21)$$

où $\widetilde{F}(X_1, X_2, \hat{X}_2) = F(X_1, X_2) - F(X_1, \hat{X}_2) + \Delta\xi_2$.

Notons f_i est la i^{eme} composante de $\widetilde{F}(X_1, X_2, \hat{X}_2)$. Supposons que les états du système (3.19) soient bornés, alors il existe une constante f_i^+ qui vérifie l'inégalité suivante :

$$|f_i| < f_i^+.$$

Cette inégalité doit être vérifiée, pour tout X_1, X_2 et $\left|\hat{X}_2\right| \leq 2sup|X_2|$.

Hypothèse 1
Posant que l'incertitude $\Delta\xi_1$ et sa dérivée sont bornées telle que : $\|\Delta\xi_1\| < d_1$, $\left\|\frac{d\Delta\xi_1}{dt}\right\| < d_2$, $\|\Delta\xi_2\| < d_3$, avec d_1, d_2 et d_3 sont des valeurs positives.

Théorème 1.
Supposant que la condition $|f_i| < f_i^+$ est atteinte pour le système (3.19) et que l'hypothèse 1 est satisfaite, donc les gains de l'observateur sont réglés selon les critères suivants :

$$\begin{aligned} \alpha_{1,i} &> f_i^+ + d_{3,i} \\ \alpha_{2,i} &> \sqrt{\frac{2}{\alpha_{1,i} - f_i^+ - d_{2,i}^+ - d_{3,i}}} \frac{(\alpha_{1,i} + f_i^+ + d_{2,i}^+ + d_{3,i})(1+p_i)}{1-p_i} \end{aligned} \qquad (3.22)$$

où p_i sont des valeurs constantes, pouvant être choisies dans l'intervalle, $0 < p_i < 1$, $i = 1, 2$; et $\alpha_1 = diag[\alpha_{1,1}, \alpha_{1,2}]$ et $\alpha_2 = diag[\alpha_{2,1}, \alpha_{2,2}]$. Alors, après un temps fini, l'observateur donné par l'équation (3.20) garantit la convergence des états estimés $(\hat{X}, \dot{\hat{X}})$ vers leurs valeurs réelles $(X, \dot{X})$ ainsi il y a un temps t_0 tel que $\forall t \geq t_0$, $(\hat{X}_1, \hat{X}_2) = (X_1, X_2)$.

Preuve du théorème 1. En nous inspirant de la méthode utilisée dans (Davila, 2005). A partir de l'observateur (3.20) et la condition $|f_i| < f_i^+$, les erreurs d'estimation $\widetilde{X}_1$ et

$\widetilde{X}_2$ satisfont l'inclusion différentielle :

$$
\begin{aligned}
\dot{\widetilde{X}}_1 &= \widetilde{X}_2 + \Delta\xi_1 - \alpha_2\lambda(\widetilde{X}_1)sign(\widetilde{X}_1) \\
\dot{\widetilde{X}}_2 &\in \left[-f^+, +f^+\right] - \alpha_1 sign(\widetilde{X}_1)
\end{aligned}
\tag{3.23}
$$

avec

$$
f^+ = \begin{bmatrix} f_1^+ \\ f_2^+, \end{bmatrix}.
$$

Calculons la dérivée seconde de $\widetilde{X}_1$ avec $\widetilde{X}_1 \neq 0$, nous obtenons :

$$
\begin{aligned}
\ddot{\widetilde{X}}_{1,i} &= \dot{\widetilde{X}}_{2,i} + \frac{d\Delta\xi_{1,i}}{dt} - \frac{\alpha_{2,i}}{2}\frac{\left|\dot{\widetilde{X}}_{1,i}\right|}{\left|\widetilde{X}_{1,i}\right|^{1/2}} \\
\ddot{\widetilde{X}}_{1,i} &\in \left[-\bar{f}_i^+, \bar{f}_i^+\right] - \frac{\alpha_{2,i}}{2}\frac{\left|\dot{\widetilde{X}}_{1,i}\right|}{\left|\widetilde{X}_{1,i}\right|^{1/2}} - \alpha_{1,i}sign(\widetilde{X}_{1,i})
\end{aligned}
\tag{3.24}
$$

avec $\bar{f}_i^+ = f_i^+ + d_3$.

En suivant (Davila, 2005), la convergence de l'observateur (3.20) peut être atteinte, comme ceci peut être démontré par l'analyse des dynamiques (3.21). Sans perte de généralité, pour $t = 0$ commençant du point $(\widetilde{X}_{10} = 0, \dot{\widetilde{X}}_{10})$ avec $\dot{\widetilde{X}}_{10} > 0$, les dynamiques (3.24) sont restreintes entre les repères $\widetilde{X}_1 = 0$, $\dot{\widetilde{X}}_1 = 0$ et la courbe définie par la solution de l'équation suivante :

$$
\ddot{\widetilde{X}}_{1,i} = -(\alpha_{1,i} - \bar{f}_i^+).
\tag{3.25}
$$

Dénotons $t_M := [t_{M,1} \ t_{M,2}]^T$, les temps lorsque les composantes de $\dot{\widetilde{X}}_1 = 0$ et $\widetilde{X}_{1M} := \widetilde{X}_1(t_M)$. En intégrant l'équation (3.25), nous trouvons :

$$
\begin{aligned}
\dot{\widetilde{X}}_{1,i}(t_M) &= \dot{\widetilde{X}}_{10,i} - (\alpha_{1,i} - \bar{f}_i^+)t_{M,i} = 0 \\
\widetilde{X}_{1M,i} &= \dot{\widetilde{X}}_{10,i}t_M - \frac{t_M^2}{2}(\alpha_{1,i} - \bar{f}_i^+)t_{M,i}.
\end{aligned}
\tag{3.26}
$$

Mettons au carré la première ligne de l'équation (3.26) et substituons la valeur de t_M^2 calculée de la deuxième ligne de la même équation, nous obtenons :

$$
\dot{\widetilde{X}}_{10,i}^2 = 2(\alpha_{1,i} - \bar{f}_i^+)\widetilde{X}_{1M,i}.
\tag{3.27}
$$

A partir de la seconde équation (3.24), pour $\dot{\widetilde{X}}_{1,i} = 0$ et $\widetilde{X}_{1,i} = \widetilde{X}_{1M,i}$, le majorant est obtenu pour $\ddot{\widetilde{X}}_{1,i} = 0$ où :

$$
-\bar{f}_i^+ - \alpha_{2,i}\frac{\left|\dot{\widetilde{X}}_{1,i}\right|}{2\left|\widetilde{X}_{1M,i}\right|^{1/2}} - \alpha_{1,i} = 0.
\tag{3.28}
$$

Alors,

$$\dot{\tilde{X}}_{1M,i} = -\frac{2}{\alpha_{2,i}}(\bar{f}_i^+ - \alpha_{1,i})\tilde{X}_{1M,i}^{1/2}. \tag{3.29}$$

(Davila, 2005), il est possible d'établir la relation suivante :

$$\frac{\left|\dot{\tilde{X}}_{1M,i}\right|}{\left|\tilde{X}_{10,i}\right|} \leq \mu_i < 1$$

où $\mu_i = \frac{1-p_i}{1+p_i}$.

En combinant les équations (3.27) et (3.29), la condition (3.22) est validée.
A partir de l'équation (3.25), il est aisément établi que pour chaque pas j des intervalles de temps différents $\Delta t_{i,j}$ entre chaque croisement de l'axe $\dot{\tilde{X}} = 0$, chaque intervalle de temps j pour la i^{me} composante de $\tilde{X}_1$ ($i = 1..2$) est contraint par

$$\Delta t_{i,j} \leq \frac{\left|\dot{\tilde{X}}_{1,i,j}\right|}{(\alpha_{1,i} - \bar{f}_i^+)}.$$

Selon (Davila, 2005), en sommant les différents intervalles du temps, un temps fini peut être borné par un temps t_0, alors la convergence de l'observateur en temps fini est prouvée.

3.6   Résultats de simulation de l'observateur super twisting

Les résultats présentés ci-dessous montrent la performance de l'observateurs super twisting en utilisant l'environnement *Matlab/Simulink*. Cet observateur est testé en boucle ouverte sur le Benchmark "Commande sans capteur mécanique". La Figure (3.12) montre les résultats en utilisant les paramètres nominaux identifiés sur le banc. Nous remarquons une très bonne estimation de la vitesse. Nous allons effectuer des variations paramétriques sur l'observateur par rapport aux valeurs identifiées. Nous varions donc la résistance statorique R_s de +50% et puis de −50%. Ces deux cas sont présentés par la figure (3.13) et la figure (3.14) respectivement. Pour tester la robustesse de cet observateur vis-à-vis de l'inductance statorique L_s, une variation de +20% et puis de −20% la valeur de cette inductance L_s dans les paramètres de l'observateur est présentée par la figure (3.15) et la figure (3.16).

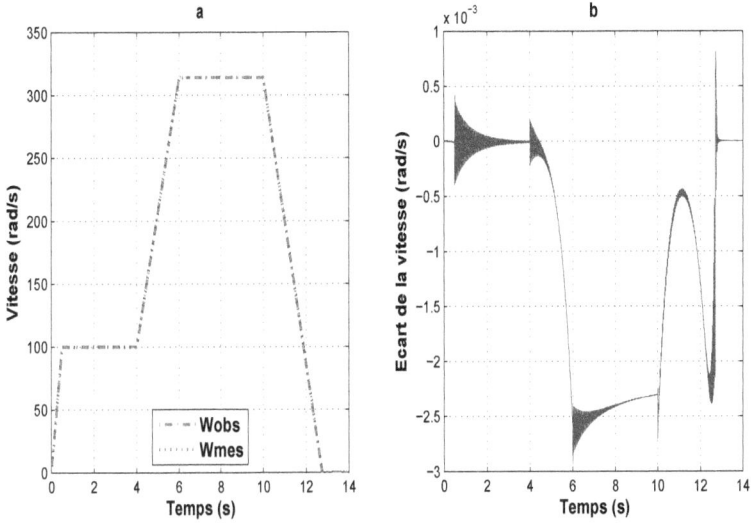

FIGURE 3.12: Cas nominal : a- Vitesse (rad/s)   b- Erreur de la vitesse (rad/s).

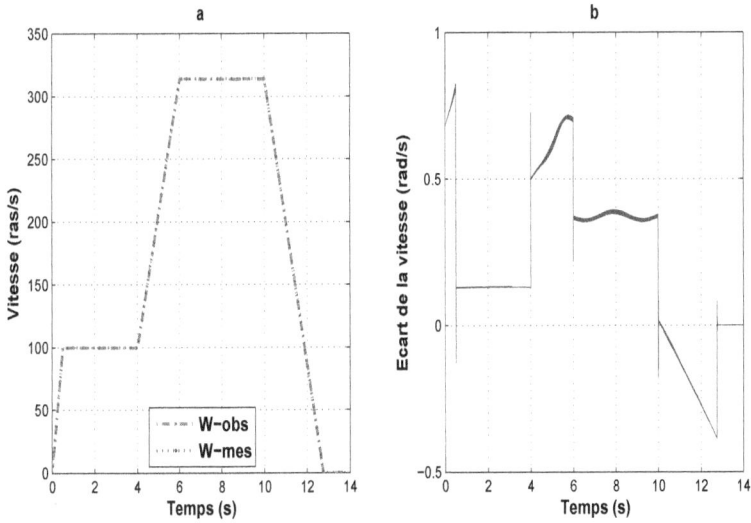

FIGURE 3.13: $+50\%R_s$: a- Vitesse (rad/s)   b- Erreur de la vitesse (rad/s).

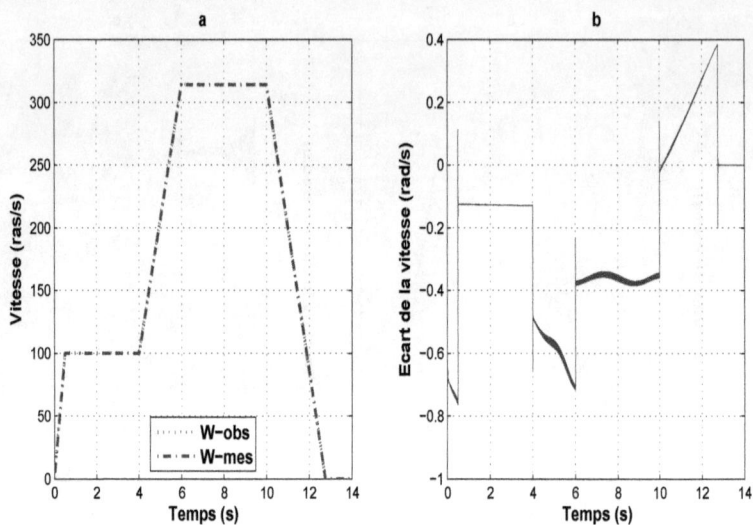

FIGURE 3.14: $-50\%R_s$: a- Vitesse (rad/s)　　　b- Erreur de la vitesse (rad/s).

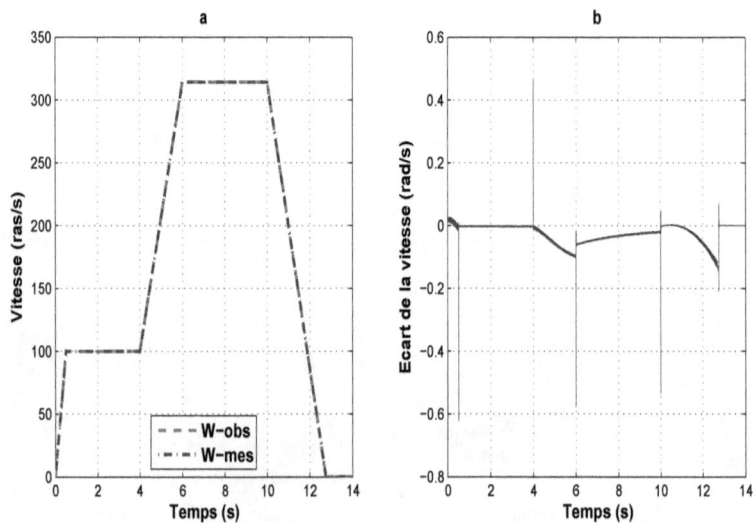

FIGURE 3.15: $+20\%L_s$: a- Vitesse (rad/s)　　　b- Erreur de la vitesse (rad/s).

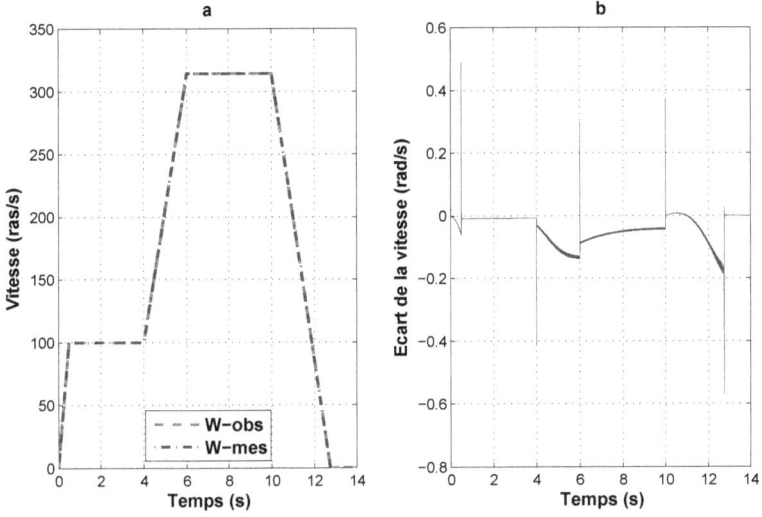

FIGURE 3.16: $-20\%L_s$: a- Vitesse (rad/s)   b- Erreur de la vitesse (rad/s).

3.7   Résultats expérimentaux de l'observateur super twisting

Les résultats expérimentaux de l'observateur super twisting sur le "Benchmark Commande
Sans Capteur Mécanique" sont donnés dans cette section. Les paramètres du moteur avec
lesquels l'observateurs est testé, sont donnés par le tableau (3.1). Ce moteur est couplé à
une autre machine synchrone. Caractéristiques du banc d'essai sont données dans l'Annexe A.

Ces essais ont pour objectif de vérifier et de valider l'efficacité de cet observateur. Cet
observateur est donc implémenté sur une carte temps réel DSPACE ainsi d'ailleurs qu'une
commande de la vitesse du type backstepping (présentée au chapitre 4). Cette commande
est fournie par la position et la vitesse du rotor grâce à un codeur incrémental. Les seules
données fournies à cet observateur sont les mesures des courants statoriques et les tensions statoriques de commande. Pour caler la position initiale du rotor θ_o à la valeur 0 des
tensions statoriques de calage sont préalablement envoyées au moteur. Les résultats expérimentaux sont donnés par les figures (3.17), (3.18), (3.19), (3.20) et (3.21) qui montrent
bien les performances de l'observateur super twisting.

En analysant ces résultats expérimentaux, nous remarquons une très bonne estimation de
la vitesse à part de la zone inobservable.

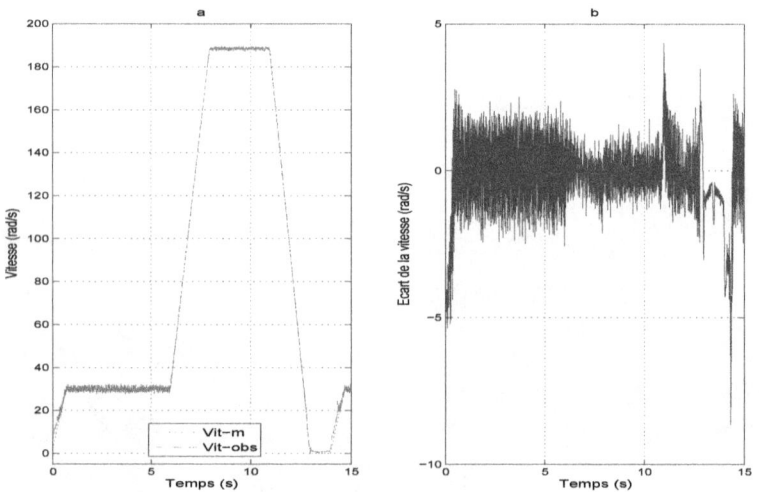

FIGURE 3.17: Cas nom : a- Vitesse (rad/s)   b- Écart de la vitesse (rad/s).

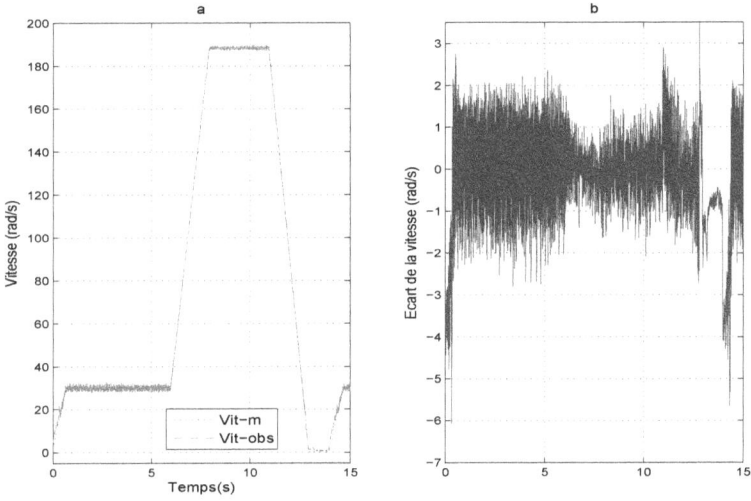

FIGURE 3.18: $+50\% R_s$: a- Vitesse (rad/s)   b- Écart de la vitesse (rad/s).

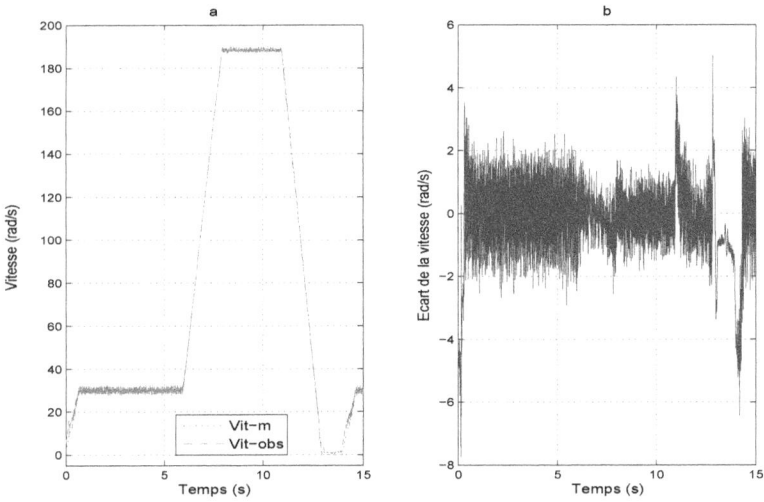

FIGURE 3.19: $-50\% R_s$: a- Vitesse (rad/s)   b- Écart de la vitesse (rad/s).

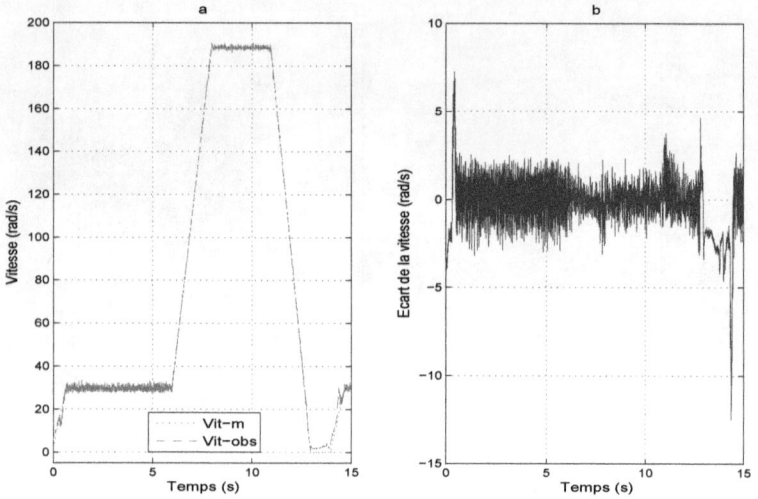

FIGURE 3.20: $+20\%L_s$: a- Vitesse (rad/s)   b- Écart de la vitesse (rad/s).

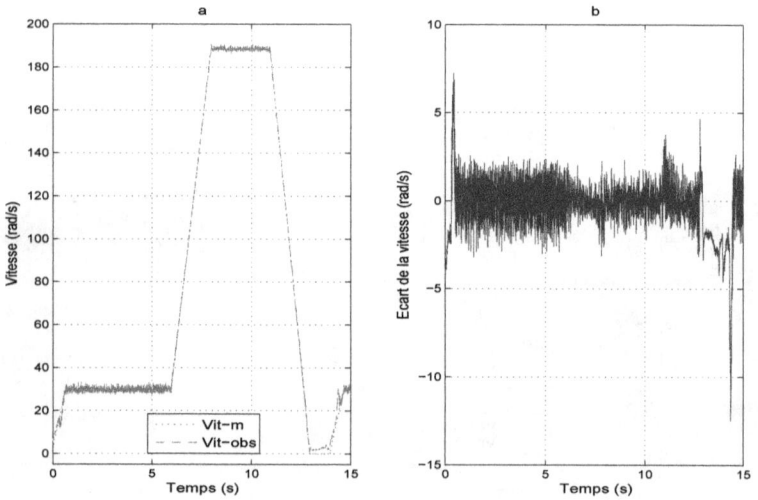

FIGURE 3.21: $-20\%L_s$: a- Vitesse (rad/s)   b- Écart de la vitesse (rad/s).

Remarque 6 *Étant basé sur la FEM, ces deux observateurs proposés auparavant en sections (3.2.1) et (3.5.1) ne sont pas assez performants à basse vitesse.*

Dans la section suivante, nous allons donc proposer un autre observateur basé sur le modèle complet.

3.7.1 Observateur basé sur le modèle complet

(Ezzat, 2010a), (Ezzat, 2010d)

Cet observateur est basé sur le modèle complet de la MSAPPL dans un repère fixe (2.21). Dans ce cas, il est tenu compte du fait que la vitesse varie, c'est-à-dire $\dot{\omega} \neq 0$. Un observateur complet à modes glissants peut alors être conçu comme :

$$
\begin{aligned}
\dot{\hat{i}}_\alpha &= -\frac{R_s}{L_s}\hat{i}_\alpha + \frac{p\psi_f}{L_s}\hat{\Omega}sin\hat{\theta}_e + \frac{1}{L_s}v_\alpha + K_1 sgn(\bar{i_\alpha}) \\
\dot{\hat{i}}_\beta &= -\frac{R_s}{L_s}\hat{i}_\beta - \frac{p\psi_f}{L_s}\hat{\Omega}cos\hat{\theta}_e + \frac{1}{L_s}v_\beta + K_1 sgn(\bar{i_\beta}) \\
\dot{\hat{\Omega}} &= \frac{p\psi_f}{J}(\hat{i}_\beta cos\hat{\theta}_e - \hat{i}_\alpha sin\hat{\theta}_e) - \frac{f_v}{J}\hat{\Omega} + K_2 sgn(\bar{i_\alpha}) \\
&\quad + K_2 sgn(\bar{i_\beta}) \\
\dot{\hat{\theta}} &= \hat{\Omega}
\end{aligned}
\tag{3.30}
$$

où $\bar{i_\alpha} = i_\alpha - \hat{i}_\alpha, \quad \bar{i_\beta} = i_\beta - \hat{i}_\beta,$
K_1 et K_2 sont les gains de l'observateur.

3.7.2 Analyse de la stabilité

Les équations des dynamiques des erreurs sont :

$$
\begin{aligned}
\dot{\bar{i}}_\alpha &= \frac{-R_s}{L_s}\bar{i}_\alpha + \frac{p\psi_f}{L_s}(\Omega sin\theta_e - \hat{\Omega}sin\hat{\theta}_e) - K_1 sgn(\bar{i_\alpha}) \\
\dot{\bar{i}}_\beta &= \frac{-R_s}{L_s}\bar{i}_\beta + \frac{p\psi_f}{L_s}(-\Omega cos\theta_e + \hat{\Omega}cos\hat{\theta}_e) - K_1 sgn(\bar{i_\beta}) \\
\dot{\bar{\Omega}} &= \frac{p\psi_f}{J}\left[(i_\beta cos\theta_e - i_\alpha sin\theta_e) - (\hat{i}_\beta cos\hat{\theta}_e - \hat{i}_\alpha sin\hat{\theta}_e)\right] \\
&\quad -\frac{f_v}{J}\bar{\Omega} - K_2 sgn(\bar{i_\alpha}) - K_2 sgn(\bar{i_\beta}) \\
\dot{\bar{\theta}} &= \Omega - \hat{\Omega}
\end{aligned}
\tag{3.31}
$$

où $\bar{\Omega} = \Omega - \hat{\Omega}, \quad \bar{\theta} = \theta - \hat{\theta}.$
Pour prouver la convergence de cet observateur, on considère la fonction candidate de Lyapunov :

$$
V = \frac{1}{2}(\bar{i_\alpha}^2 + \bar{i_\beta}^2 + \bar{\Omega}^2 + \bar{\theta}^2)
\tag{3.32}
$$

Sa dérivée est :

$$\dot{V} \;=\; \bar{i}_\alpha \dot{\bar{i}}_\alpha + \bar{i}_\beta \dot{\bar{i}}_\beta + \bar{\Omega}\dot{\bar{\Omega}} + \bar{\theta}\dot{\bar{\theta}} \tag{3.33}$$

$$
\begin{aligned}
\dot{V} \;=\; & \bar{i}_\alpha \Big[-a_1\bar{i}_\alpha + a_2(\Omega sin\theta_e - \hat{\Omega}sin\hat{\theta}_e) - K_1 \\
& sgn(\bar{i}_\alpha) \Big] + \bar{i}_\beta \Big[-a_1\bar{i}_\beta + a_2(\Omega cos\theta_e - \hat{\Omega}cos\hat{\theta}_e) \\
& -K_1 sgn(\bar{i}_\beta) \Big] + \bar{\Omega}\Big[a_3\big[(i_\beta cos\theta_e - i_\alpha sin\theta_e) \\
& -(\hat{i}_\beta cos\hat{\theta}_e - \hat{i}_\alpha sin\hat{\theta}_e) \big] - a_4\bar{\Omega} - K_2 sgn(\bar{i}_\alpha) \\
& -K_2 sgn(\bar{i}_\beta) \Big] + \bar{\theta}\Big[\Omega - \hat{\Omega} \Big].
\end{aligned}
\tag{3.34}
$$

où
$a_1 = \frac{R_s}{L_s}$, $a_2 = \frac{p\psi_f}{L_s}$, $a_3 = \frac{p\psi_f}{J}$, $a_4 = \frac{f_v}{J}$.
Cette équation peut se réécrire :

$$
\begin{aligned}
\dot{V} \;=\; & -a_1\bar{i}_\alpha{}^2 + a_2\bar{i}_\alpha(\Omega sin\theta_e - \hat{\Omega}sin\hat{\theta}_e) - K_1\left|\bar{i}_\alpha\right| \\
& -a_1\bar{i}_\beta{}^2 + a_2\bar{i}_\beta(\Omega cos\theta_e - \hat{\Omega}cos\hat{\theta}_e) - K_1\left|\bar{i}_\beta\right| \\
& -a_4\bar{\Omega}^2 + a_3\bar{\Omega}\Big[(i_\beta cos\theta_e - i_\alpha sin\theta_e) - (\hat{i}_\beta cos\hat{\theta}_e \\
& -\hat{i}_\alpha sin\hat{\theta}_e) \Big] - \bar{\Omega}K_2 sgn(\bar{i}_\alpha) - \bar{\Omega}K_2 sgn(\bar{i}_\beta) + \bar{\theta}\bar{\Omega}.
\end{aligned}
\tag{3.35}
$$

En supposant que l'observateur et le moteur aient des conditions initiales réalistes, c'est à dire dans le domaine de fonctionnement physiquement prévu par le constructeur du moteur, il est possible de borner (à $t = 0$) les termes constituant (3.35), soit :

$$
\begin{aligned}
&\left| \Omega sin\theta_e - \hat{\Omega}sin\hat{\theta}_e \right| < 2\Omega_{max} \\
&\left| \bar{i}_\alpha(\Omega sin\theta_e - \hat{\Omega}sin\hat{\theta}_e) \right| < 4i_{max}\Omega_{max}
\end{aligned}
\tag{3.36}
$$

où $|\bar{i}_\alpha| = |\bar{i}_\beta| < 2i_{max}$ et de la même façon

$$
\begin{aligned}
&\left| \bar{i}_\beta(\Omega cos\theta_e - \hat{\Omega}cos\hat{\theta}_e) \right| < 4i_{max}\Omega_{max} \\
&\left| \bar{\Omega}(sgn(\bar{i}_\alpha) + sgn(\bar{i}_\beta)) \right| < 4\Omega_{max} \\
&\left| \bar{\Omega}\Big[(i_\beta cos\theta_e - i_\alpha sin\theta_e) - (\hat{i}_\beta cos\hat{\theta}_e - \hat{i}_\alpha sin\hat{\theta}_e) \Big] \right| \\
&\qquad < 8i_{max}\Omega_{max} \\
&\left| \bar{\theta}\bar{\Omega} \right| < 4\theta_{max}\Omega_{max}
\end{aligned}
\tag{3.37}
$$

Ces conditions étant satisfaites au temps $t = 0$, il est possible de déterminer alors les gains de l'observateur qui permettront d'imposer la convergence de l'observateur pour $t > 0$. Pour cela, étant donné que :

$$
\begin{aligned}
&-a_1\bar{i}_\alpha^2 < 0 \\
&-a_1\bar{i}_\beta^2 < 0 \\
&-a_4\bar{\Omega}^2 < 0,
\end{aligned}
$$

il suffit de prendre K_1 et K_2 comme suit :

$$K_1 \;>\; |4a_2\Omega_{max}| \tag{3.38}$$

$$K_2 > \left| 2a_3 i_{max} + \tfrac{\theta_{max}}{2} \right|. \tag{3.39}$$

Du point de vue mise en oeuvre pratique, comme pour le premier observateur les commutations des fonctions "signes" génèrent un bruit de commutation sur les variables reconstruites en particulier sur les courants mesurés en sortie d'onduleur qui est piloté en Modulation de Largeur d'Impulsion (MLI) dans la partie expérimentale. Cet inconvénient peut être limité à l'aide de filtres dont la fréquence de coupure est réglé de façon à ne pas influencer les dynamiques électriques et mécaniques observées selon les constantes de temps mécanique et électrique du moteur et de sa charge.

3.8 Résultats de simulation de l'observateurs basé sur le modèle complet

La performance de l'observateur basé sur le modèle complet a été testées à travers des simulations effectuées sous *Matlab/Simulink*. La figure (3.22) montre les résultats en utilisant les paramètres nominaux identifiés sur le banc. Des testes de robustesse ont été effectués. Commençons par des variations de la résistance statorique de +50% et puis −50% de sa valeur nominale (figures (3.23) et (3.24) respectivement). Ensuite, des variations de l'inductance statorique de +20% et puis −20% de sa valeur nominale (figures (3.25) et (3.26) respectivement).

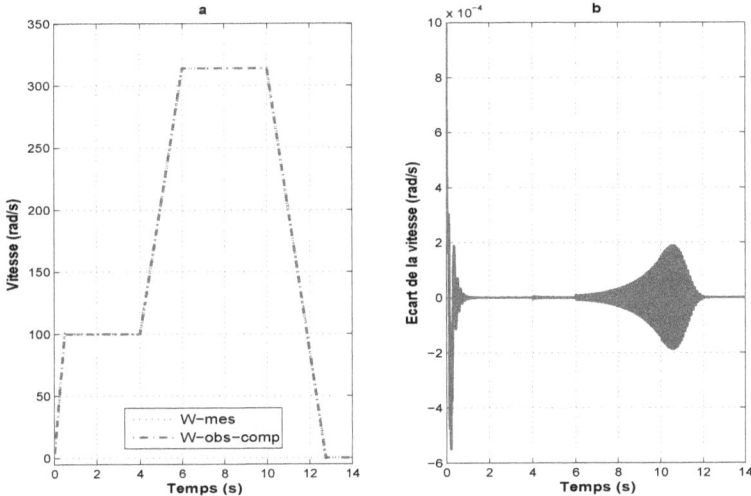

FIGURE 3.22: Cas nominal : a) Vitesse   b) Écart de la vitesse

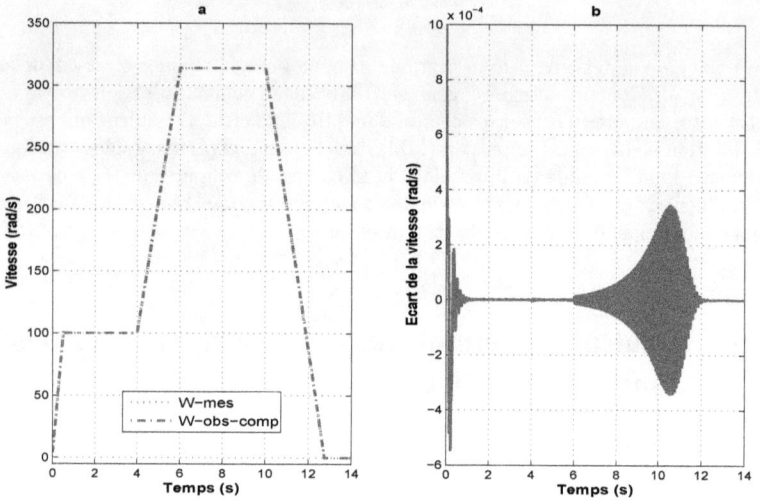

FIGURE 3.23: $+50\%R_s$: a) Vitesse   b) Écart de la vitesse

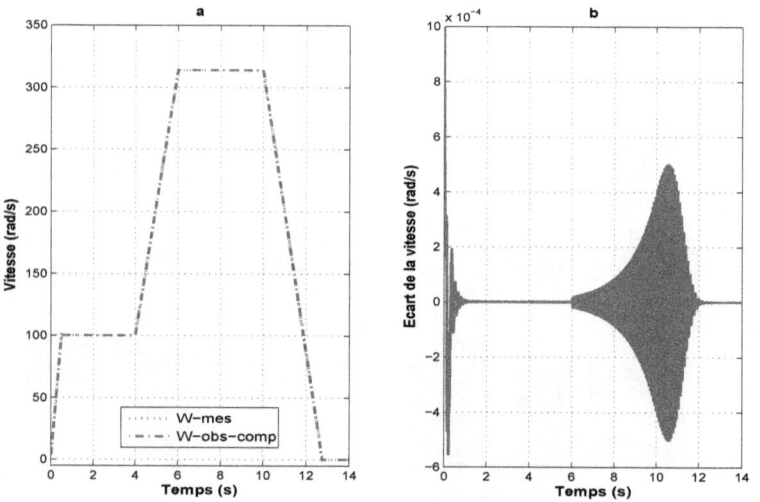

FIGURE 3.24: $-50\%R_s$: a) Vitesse   b) Écart de la vitesse

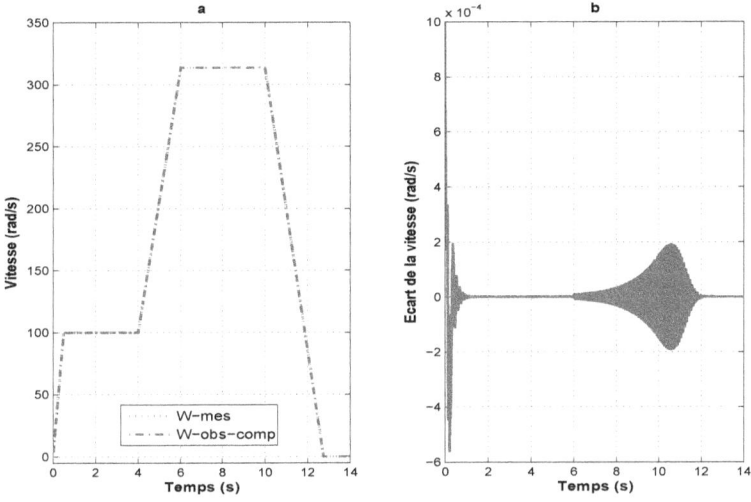

FIGURE 3.25: $+20\%L_s$: a) Vitesse   b) Écart de la vitesse

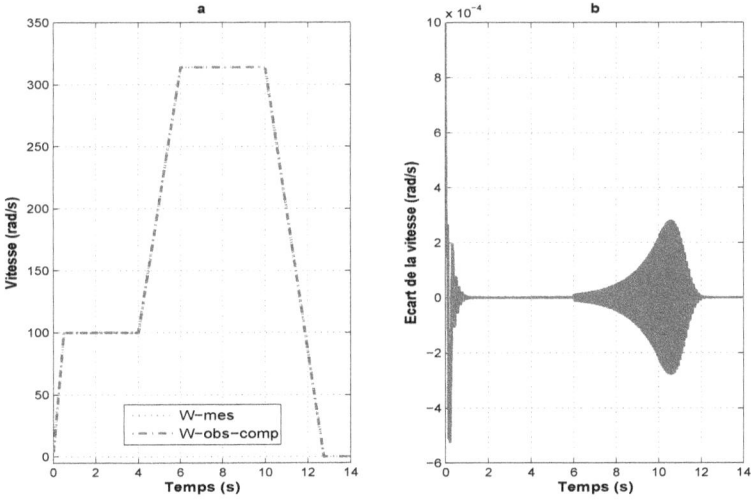

FIGURE 3.26: $-20\%L_s$: a) Vitesse   b) Écart de la vitesse

3.9   Résultats expérimentaux

(Ezzat, 2010a)

L'efficacité de cet observateur a été vérifiée et validée expérimentalement. Les paramètres du moteur avec lesquels l'observateurs estt testé, sont donnés par le tableau (3.1). Ce moteur est couplé à une autre machine synchrone. Les caractéristiques du banc d'essai sont données dans l'Annexe A.

Pour ce fait, cet observateur est donc implémenté sur une carte temps réel DSPACE ainsi d'ailleurs qu'une commande de la vitesse par modes glissants d'ordre supérieur. Pour cette commande (et seulement pour elle!), la position et la vitesse du rotor sont calculées grâce à un codeur incrémental. Les seules données fournies à cet observateur sont les mesures des courants statoriques et les tensions statoriques de commande. Pour caler la position initiale du rotor θ_o à la valeur 0 des tensions statoriques de calage sont préalablement envoyées au moteur.

Les Figures (3.27) et (3.28) montrent les résultats en utilisant les paramètres nominaux identifiés sur le banc. Il apparaît clairement que cet observateur donne de meilleurs résultats (c.f. courbe b) de l'erreur de vitesse) par rapport aux observateurs développés précédemment. On peut remarquer que, comme les valeurs réelles des paramètres sont en fait différentes de celle des paramètres identifiés, un premier test de robustesse de ces observateurs est ainsi réalisé. On peut remarquer que, comme les valeurs réelles des paramètres sont en fait différentes de celle des paramètres identifiés, un premier test de robustesse de ces observateurs est ainsi réalisé.

Toutefois pour valider plus précisément la robustesse de cet observateurs, des tests spécifiques ont été réalisés. La Figure (3.29) montre les résultats pour les observateurs conçus volontairement avec une erreur de +50% sur la valeur nominale de la résistance statorique sans que les gains ne soient modifiés par rapport à l'essai "nominal". Un autre essai de variation de −50% sur la résistance est montré en figure (3.30). De plus les résultats avec des variations de +20% et −20% sur l'inductance statorique sont donnés Figure (3.31) et Figure (3.32) respectivement.

Tous ces résultats montrent que l'observateur basé sur le modèle complet est est robuste vis à vis de ces tests. L'erreur de la vitesse estimée de cet observateur est minime même au moment de l'accélération. Une erreur est survenue à la fin de la zone inobservable et avant de l'accélération.

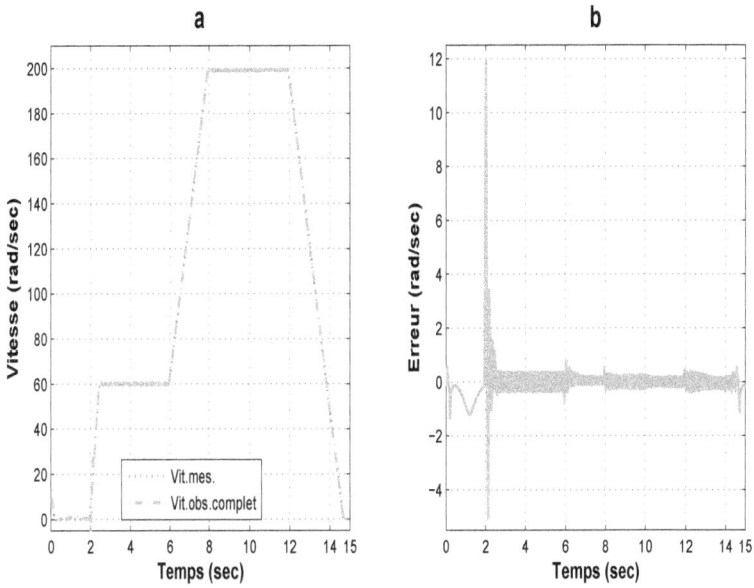

FIGURE 3.27: Cas nominal : a) Vitesse   b) Erreur de vitesse

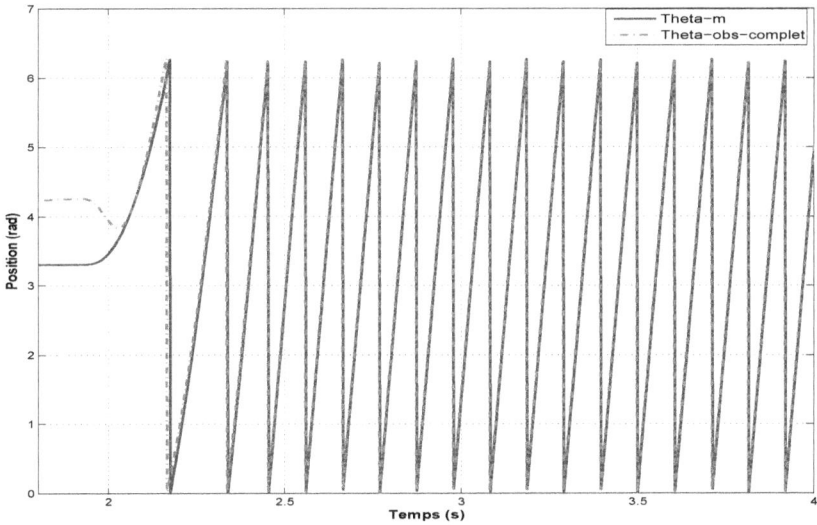

FIGURE 3.28: Cas nominal : Position estimée de l'observateur complet.

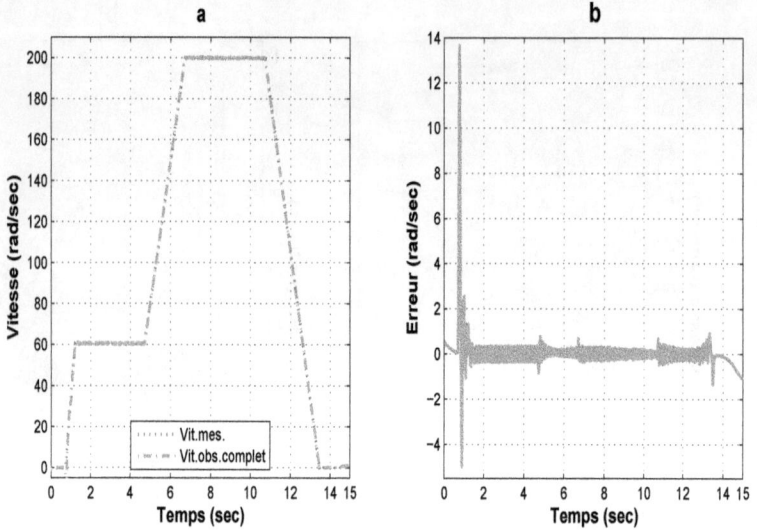

FIGURE 3.29: $+50\%R_s$: a) Vitesse   b) Erreur de la vitesse

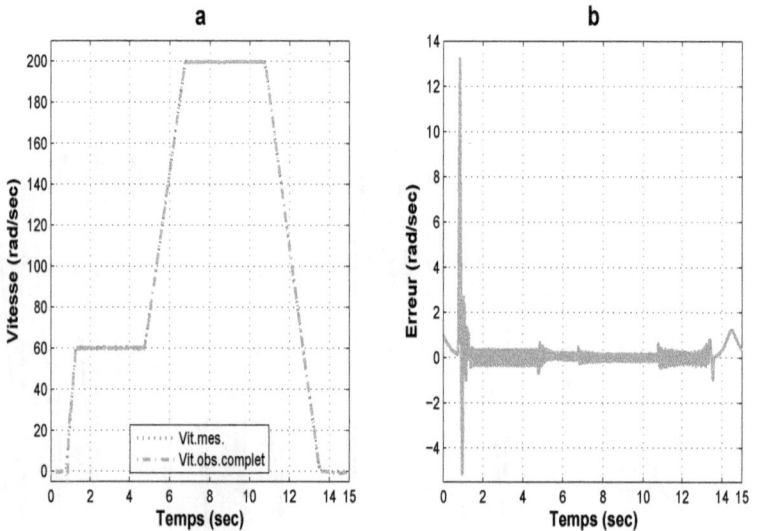

FIGURE 3.30: $-50\%R_s$: a) Vitesse   b) Erreur de la vitesse

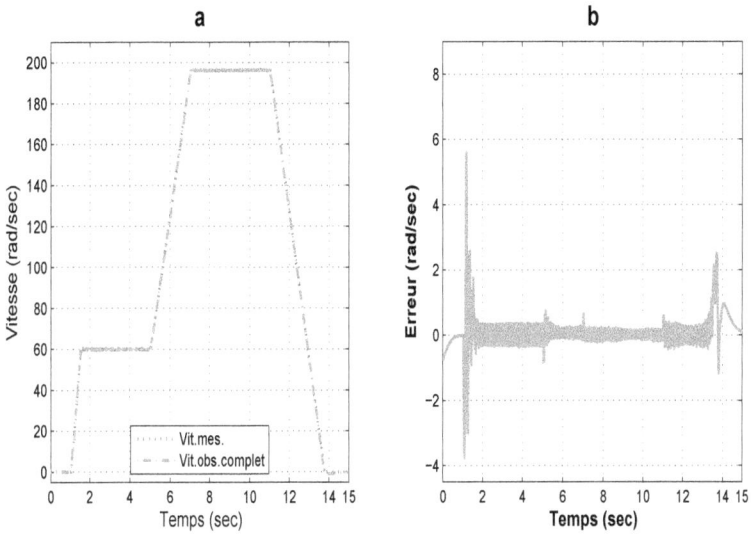

FIGURE 3.31: $+20\%L_s$: a) Vitesse   b) Erreur de la vitesse

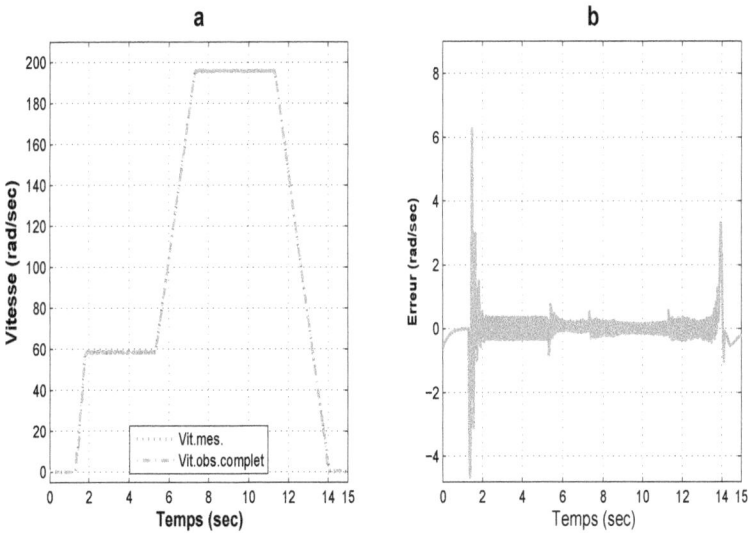

FIGURE 3.32: $-20\%L_s$: a) Vitesse   b) Erreur de la vitesse

3.10   Observateurs adaptatifs interconnectés

Les actionneurs électriques exigent une bonne connaissance de leurs modèles dont les paramètres varient lors du fonctionnement. Leur estimation hors ligne ou en ligne est nécessaire. Les commandes performantes exigent également la connaissance de variables non mesurables (vitesse, position, couple) par des algorithmes d'observation pour éliminer des capteurs.

En raison des conditions pratiques (température) et des erreurs d'identification, les paramètres identifiés ne sont pas exactement les paramètres réels de la machine. Par exemple, la valeur de la résistance statorique peut augmenter jusqu'à 50% de plus que sa valeur nominale. Une mauvaise identification de cette résistance (R_s) influence les résultats de l'observateur et donc de la commande qui sera associée. Lorsque le fonctionnement en basse vitesse est requis, la résistance statorique joue un rôle important (Low, 1993), (Nahid, 2001) et (Rashed, 2007). La connaissance de la valeur précise de cette résistance entraîne une bonne estimation de la vitesse et du couple de charge.

Pour pallier ce problème, des observateurs adaptatifs ont été proposés parmi lesquels on peut citer la méthode des systèmes interconnectés (Besançon, 1996b), (Besançon, 1998), (Traore, 2008) et (Giri, 2010). Si le système non linéaire considéré peut être vu comme une interconnection entre plusieurs sous- systèmes, satisfaisant chacun certaines conditions, alors un observateur peut être synthétisé ((Besançon, 1998), (Besançon, 2006)). L'idée de la synthèse de l'observateur interconnecté est alors de concevoir un observateur pour tout le système non linéaire considéré, à partir de la synthèse séparée d'observateurs pour chaque sous-système, en supposant que pour chacun, les variables d'état des autres sous-systèmes sont disponibles (Besançon, 1998) et (Traore, 2008). Les observateurs adaptatifs ont pour but d'estimer conjointement les états et les paramètres de systèmes dynamiques.

Dans cette partie, nous allons synthétiser un observateur adaptatif interconnecté. Pour cela nous nous inspirons de la méthode utilisée dans (Traore, 2008).

Dans l'hypothèse que la résistance statorique ainsi que le couple de charge varient lentement par rapport aux états électriques et mécaniques, nous les supposons constants par rapport aux autres dynamiques du système. Donc, les équations différentielles correspondantes sont :

$$\dot{T}_l = 0 \qquad \dot{R}_s = 0. \qquad (3.40)$$

Réécrivons le modèle (2.18)-(3.40) de la machine synchrone à pôles lisses sous la forme suivante :

$$\Sigma_{NL1} : \begin{cases} \dot{x} = f(x) + g(x)u \\ y = h(x) \end{cases} \qquad (3.41)$$

où

$$x = \begin{bmatrix} i_d & i_q & \Omega & T_l & R_s \end{bmatrix}^T, \qquad u = \begin{bmatrix} u_d & u_q \end{bmatrix}^T,$$
$$y = \begin{bmatrix} h_1 & h_2 \end{bmatrix}^T = \begin{bmatrix} i_d & i_q \end{bmatrix}^T$$

$$f(x) = \begin{bmatrix} \frac{-R_s}{L_s}i_d + pi_q\Omega \\ \frac{-R_s}{L_s}i_q - pi_d\Omega - \frac{p\Psi_f}{L_s}\Omega \\ \frac{p\Psi_f}{J}i_q - \frac{f}{J}\Omega - \frac{T_l}{J} \\ 0 \\ 0 \end{bmatrix}, \qquad g(x) = \begin{bmatrix} \frac{1}{L_s} & 0 \\ 0 & \frac{1}{L_s} \\ 0 & 0 \\ 0 & 0 \\ 0 & 0 \end{bmatrix}.$$

Le modèle (3.41), peut être vu comme une interconnexion entre deux sous-systèmes de la forme :

$$\Sigma_1 : \begin{cases} \dot{X}_1 &= A_1(y)X_1 + F_1(X_2) + \Phi_1(u) \\ y_1 &= C_1 X_1 \end{cases} \tag{3.42}$$

et

$$\Sigma_2 : \begin{cases} \dot{X}_2 &= A_2(y)X_2 + F_2(X_1, X_2) + \Phi_2(u) + \Phi T_l \\ y_2 &= C_2 X_2 \end{cases} \tag{3.43}$$

avec

$$A_1(\cdot) = \begin{bmatrix} 0 & -\frac{i_q}{L_s} \\ 0 & 0 \end{bmatrix}, \qquad A_2(\cdot) = \begin{bmatrix} 0 & pi_q \\ 0 & -\frac{f_v}{J} \end{bmatrix},$$

$$F_1(\cdot) = \begin{bmatrix} -p\frac{\psi_f}{L_s}\Omega - p\Omega i_d \\ 0 \end{bmatrix}, \qquad F_2(\cdot) = \begin{bmatrix} -\frac{R_s}{L_s}i_d \\ \frac{p}{J}\psi_f i_q \end{bmatrix},$$

$$\Phi_1 = \begin{bmatrix} \frac{1}{L_s}v_q \\ 0 \end{bmatrix}, \quad \Phi_2 = \begin{bmatrix} \frac{1}{L_s}v_d \\ 0 \end{bmatrix}, \quad \Phi = \begin{bmatrix} 0 \\ -\frac{1}{J} \end{bmatrix},$$

$$C_1 = C_2 = \begin{bmatrix} 1 & 0 \end{bmatrix}.$$

$X_1 = [i_q \; R_s]^T$, $X_2 = [i_d \; \Omega]^T$ et T_l sont les variables d'état des systèmes (3.42) et (3.43) respectivement, $u = [u_d \; u_q]^T$ sont les entrées, et $y = [i_d \; i_q]^T$ sont les sorties de la MSAP.

Remarque 7 *Le modèle de MSAP a été écrit sous la forme deux sous systèmes interconnectés (3.42-3.43) dans le but d'obtenir une matrice Φ connue et uniformément bornée pour synthétiser un observateur adaptatif ((Besançon, 2006) et (Zhang, 2002)).*

Objectif : *Notre objectif recherché est de construire d'une part un observateur pour le sous-système (3.42) pour estimer notamment la résistance statorique. D'autre part un observateur pour le sous-système (3.43) pour estimer la vitesse mécanique et le couple de charge considéré comme une entrée inconnue.*

Définition 6 *Entrée Régulièrement Persistante*
Une entrée régulièrement persistante est une entrée qui excite suffisamment le système dans le but de garantir son observabilité (Besançon, 1996).

Nous précisons dans les sections ci-dessous la synthèse de l'observateur adaptatif interconnecté pour les sous-systèmes (3.42), (3.43). Nous posons donc l'hypothèse suivante :

Hypothèse 2
Supposons que le signal y_1 soit une entrée régulièrement persistante pour Σ_1 et Σ_2.

Remarque 8
A partir des équations (3.42) et (3.43), nous pouvons facilement vérifier que $A_1(y)$ est globalement Lipschitz par rapport à X_2, $A_2(y)$ est globalement Lipschitz par rapport à X_1 et que $F_1(X_2)$ est globalement Lipschitz par rapport à X_2, uniformément par rapport à (u,y) et que $F_2(X_2, X_1)$ est globalement Lipschitz par rapport à X_2, X_1, uniformément par rapport à (u,y).

Les observateurs pour les sous-systèmes "nominaux" (3.42) et (3.43) sont donnés par :

$$O_1 : \begin{cases} \dot{Z}_1 = A_1(y)Z_1 + F_1(Z_2) + \Phi_1(u) + S_1^{-1}C_1^T(y_1 - \hat{y}_1) \\ \dot{S}_1 = -\rho_{11}S_1 - A_1^T(y)S_1 - S_1A_1(y) + C_1^T C_1 \\ \hat{y}_1 = C_1 Z_1 \end{cases} \tag{3.44}$$

$$O_2 : \begin{cases} \dot{Z}_2 = A_2(y)Z_2 + F_2(Z_1, Z_2) + \Phi_2(u) + \Phi\hat{T}_l \\ \qquad + (\varpi\Lambda S_\theta^{-1}\Lambda^T C_2^T + \Gamma S_x^{-1}C_2^T)(y_2 - \hat{y}_2) \\ \qquad + KC_1^T(y_1 - \hat{y}_1) \\ \dot{\hat{T}}_l = \varpi S_\theta^{-1}\Lambda^T C_2^T(y_2 - \hat{y}_2) + B(y_1 - \hat{y}_1) \\ \dot{S}_x = -\rho_x S_x - A_2^T(y)S_x - S_x A_2(y) + C_2^T C_2 \\ \dot{S}_\theta = -\rho_\theta S_\theta + \Lambda^T C_2^T C_2 \Lambda \\ \dot{\Lambda} = (A_2(y) - \Gamma S_x^{-1}C_2^T C_2)\Lambda + \Phi \\ \hat{y}_2 = C_2 Z_2 \end{cases} \tag{3.45}$$

avec $Z_1 = \begin{bmatrix} \hat{i}_q & \hat{R}_s \end{bmatrix}^T$, $Z_2 = \begin{bmatrix} \hat{i}_d & \hat{\Omega} \end{bmatrix}^T$ et $\hat{T}_l$ sont les variables d'état estimées respectivement X_1 et X_2. $\rho_{11}, \rho_x, \rho_\theta$ sont des constantes positives, S_1 et S_x sont des matrices définies positives (Besançon, 1996), $S_\theta(0) > 0$, $\Lambda(0) > 0$, $B(Z_1) = k\frac{p}{J}\psi_f \hat{i}_q$,

$$K = \begin{bmatrix} -k_{c1} \\ -k_{c2} \end{bmatrix} \quad , \quad \Gamma = \begin{bmatrix} 1 & 0 \\ 0 & \alpha \end{bmatrix}$$

où k, k_{c1}, k_{c2}, α et ϖ sont des constantes positives.
Les matrices $A_1(y)$ et $A_2(y)$ ainsi que les champs de vecteurs $F_1(X_2)$ et $F_2(X_2, X_1)$ sont donnés par :

$$A_1(\cdot) = \begin{bmatrix} 0 & -\frac{\hat{i}_q}{L_s} \\ 0 & 0 \end{bmatrix}, \qquad A_2(\cdot) = \begin{bmatrix} 0 & p\hat{i}_q \\ 0 & -\frac{f_v}{J} \end{bmatrix},$$

$$F_1(\cdot) = \begin{bmatrix} -p\frac{\psi_f}{L_s}\hat{\Omega} - p\hat{\Omega}\hat{i}_d \\ 0 \end{bmatrix}, \quad F_2(\cdot) = \begin{bmatrix} -\frac{\hat{R}_s}{L_s}\hat{i}_d \\ \frac{p}{J}\psi_f \hat{i}_q \end{bmatrix},$$

Remarque 9 *A partir de l'équation (3.45) le terme $(B(Z_1)(y_1 - \hat{y}_1))$ peut être présenté sous la forme suivante :*

$$B(Z_1)(y_1 - \hat{y}_1) \equiv k[\frac{p}{J}\psi_f(i_q - \hat{i}_q)]$$
$$\equiv k(T_e - \tilde{T}_e)$$

où T_e et $\tilde{T}_e$ sont respectivement les couples électromagnétiques "mesuré" et "estimé". ∎

3.10.1 Analyse de la stabilité pratique de l'observateur adaptatif avec incertitudes paramétriques

Pour introduire la stabilité pratique, nous allons rappeler quelques propriétés suffisantes de cette stabilité. Soit le système :

$$\dot{e} = f(t, e), \qquad e(t_0) = e_0 \qquad t_0 \geq 0 \tag{3.46}$$

Définition 7 *(Lakshmikanthan, 1990)*

Le système (3.46) est dit :

- *(**PS1**) : **pratiquement stable** si, pour $(\hbar_1, \hbar_2)$ donnés avec $0 < \hbar_1 < \hbar_2$, on a*

$$\|e_0\| \leq \hbar_1 \Rightarrow \|e(t)\| \leq \hbar_2, \quad t \geq t_0, t_0 \in \mathbb{R}_+.$$

- *(**PS2**) : **pratiquement uniformément stable** si (**PS1**) est vrai $\forall t_0 \in \mathbb{R}_+$.*

- *(**PS3**) : **pratiquement quasi stable** si, pour $\hbar_1$, $\Im$ et T des constantes positives et $t_0 \in \mathbb{R}_+$, on a*

$$\|e_0\| \leq \hbar_1 \Rightarrow \|e(t)\| \leq \Im, \quad t \geq t_0 + T.$$

- *(**PS4**) : **pratiquement uniformément quasi stable** si (**PS3**) est vrai $\forall t_0 \in \mathbb{R}_+$.*

- *(**PS5**) : **pratiquement fortement stable** si (**PS1**) et (**PS3**) sont simultanément vrai.*

- *(**PS6**) : **pratiquement fortement uniformément stable** si (**PS2**) et (**PS4**) sont simultanément vraies.*

- *(**PS7**) : **pratiquement instable** si (**PS1**) n'est pas vérifié.*

Remarque 10 *Ces définitions mathématiques de stabilité vont être utilisées par la suite pour l'analyse de la convergence des observateurs adaptatifs interconnectés, avec une caractérisation de la précision obtenue après convergence, ce qui imposera des contraintes sur les gains des observateurs.*

3.10.2   Critère de la stabilité pratique

Avant de donner les différents critères, on définit la classe de fonction suivante
$\mathbf{W} = \{d_1 \in C[\mathbb{R}_+, \mathbb{R}_+] : d_1(l) \text{ une fonction strictement croissante et } d_1(l) \to \infty \text{ quand } l \to \infty\}$.
soit $B_r = \{e \in \mathbb{R}^n : \|e\| \leq r\}$ (B_r est une boule de rayon r).

Théorème 1 *(Lakshmikanthan, 1990). Supposons que :*

i) $\hbar_1, \hbar_2$ sont définis tel que $0 < \hbar_1 < \hbar_2$;
ii) $V \in C[\mathbb{R}_+ \times \mathbb{R}^n, \mathbb{R}_+]$ une fonction de Lyapunov, $V(t, e)$ est Lipschitz par rapport e ;
iii) pour $(t, e) \in \mathbb{R}_+ \times B_{\hbar_2}$, $d_1(\|e\|) \leq V(t, e) \leq d_2(\|e\|)$ et

$$\dot{V}(t, e) \leq \wp(t, V(t, e)) \tag{3.47}$$

où d_1, $d_2 \in \mathbf{W}$ et $\wp \in C[\mathbb{R}_+^2, \mathbb{R}]$;
iv) $d_2(\hbar_1) < d_1(\hbar_2)$ est vérifié.
Alors, les propriétés de la stabilité pratique de :

$$\dot{l} = \wp(t, l), \quad l(t_0) = l_0 \geq 0, \tag{3.48}$$

implique les propriétés de la stabilité pratique correspondantes de
$\dot{e} = f(t, e), \quad e(t_0) = e_0, \quad t_0 \geq 0.$

Corollaire 1 *(Lakshmikanthan, 1990)*
Dans le théorème 2, si $\wp(t, l) = -\alpha_1 l + \alpha_2$, avec α_1 et α_2, des constantes positives, cela implique la stabilité pratique fortement uniforme du système (3.46).

La démonstration de la stabilité pratique de l'observateur adaptatif interconnecté conçu ci-dessus est donnée dans les lignes qui suivent. Prenant en compte les incertitudes paramétriques de la MSAP, les équations (3.42) et (3.43) peuvent être réécrites :

$$\Sigma_1 : \begin{cases} \dot{X}_1 &= A_1(y)X_1 + F_1(X_2) + \Phi_1(u) \\ &\quad + \Delta A_1(y)X_1 + \Delta F_1(X_2) \\ y_1 &= C_1 X_1 \end{cases} \tag{3.49}$$

$$\Sigma_2 : \begin{cases} \dot{X}_2 &= A_2(y)X_2 + F_2(X_1, X_2) + \Phi_2(u) + \Phi T_l \\ &\quad + \Delta A_2(y)X_2 + \Delta F_2(X_1, X_2) \\ y_2 &= C_2 X_2 \end{cases} \tag{3.50}$$

où $\Delta A_1(y)$, $\Delta A_2(y)$, $\Delta F_1(X_2)$ et $\Delta F_2(X_1, X_2)$ sont respectivement les termes incertains de $A_1(y)$, $A_2(y)$, $F_1(X_2)$, $F_2(X_1, X_2)$. Ces termes incertains sont donnés par :

$$\Delta A_1(\cdot) = \begin{bmatrix} 0 & -\frac{i_q}{\Delta L_s} \\ 0 & 0 \end{bmatrix}, \quad \Delta F_1(\cdot) = \begin{bmatrix} -p\frac{\Delta \psi_f}{\Delta L_s}\Omega - p\Omega i_d \\ 0 \end{bmatrix}$$

$$\Delta A_2(y) = \begin{bmatrix} 0 & pi_q \\ 0 & -\frac{f_v}{J} \end{bmatrix}, \quad \Delta F_2(\cdot) = \begin{bmatrix} -\frac{\Delta R_s}{\Delta L_s} i_d \\ \frac{p}{\Delta J} \Delta \psi_f i_q \end{bmatrix}$$

Hypothèse 3
Nous supposons que :

$$\|\Delta A_1(y)\| \le \rho_1, \quad \|\Delta A_2(y)\| \le \rho_2,$$
$$\|\Delta F_1(X_2)\| \le \rho_3, \quad \|\Delta F_2(X_1, X_2)\| \le \rho_4$$

avec $\rho_i > 0$, *pour* $i = 1, ..., 4$.

L'hypothèse 3 est justifiée d'une part, par le fait qu'il existe un domaine physique $\mathcal{D}$ de fonctionnement de la machine défini par :

$$\mathcal{D} = \{X \in R^5 \mid |i_d| \le I_d^{max}, |i_q| \le I_q^{max}, \; |\Omega| \le \Omega^{max}, \\ |T_l| \le T_l^{max}, \; |R_s| \le R_s^{max}\}$$

où $X = [i_d \; i_q \; \Omega \; T_l \; R_s]^T$ et $I_d^{max}, I_q^{max}, \Omega^{max}, T_l^{max}, R_s^{max}$ sont les valeurs maximales du courant, de la vitesse et du couple de charge, respectivement et d'autre part, par le fait que les paramètres de la machine sont connus avec une certaine précision et sont bornés.

Dans la suite, nous allons prouver la stabilité de l'observateur en prenant en compte les incertitudes paramétriques de MSAP. Pour cela, nous définissons les erreurs d'estimations comme suit :

$$\epsilon_1 = X_1 - Z_1, \quad \epsilon_2' = X_2 - Z_2, \quad \epsilon_3 = T_l - \hat{T}_l. \tag{3.51}$$

A partir des équations (3.44)-(3.45) et (3.49)-(3.50), les dynamiques de ces erreurs sont :

$$\begin{aligned} \dot{\epsilon}_1 &= [A_1(y) - S_1^{-1}C_1^T C_1]\epsilon_1 + \Delta A_1(y)X_2 \\ &+ F_1(X_2) + \Delta F_1(X_2) - F_1(Z_2) \end{aligned} \tag{3.52}$$

$$\begin{aligned} \dot{\epsilon}_2' &= [A_2(y) - \varpi \Lambda S_\theta^{-1} \Lambda^T C_2^T C_2 - \Gamma S_x^{-1} C_2^T C_2]\epsilon_2' \\ &+ \Phi \epsilon_3 - K C_1^T C_1 \epsilon_1 + \Delta A_2(y)X_2 \\ &+ F_2(X_2, X_1) + \Delta F_2(X_2, X_1) - F_2(Z_2, Z_1) \end{aligned} \tag{3.53}$$

$$\dot{\epsilon}_3 = -\varpi S_\theta^{-1} \Lambda^T C_2^T C_2 \epsilon_2' - B(Z_1)C_1 \epsilon_1. \tag{3.54}$$

D'après la méthode utilisée dans (Zhang, 2002), nous appliquons la transformation $\epsilon_2 = \epsilon_2' - \Lambda \epsilon_3$, cela implique

$$\dot{\epsilon}_2 = \dot{\epsilon}_2' - \Lambda \dot{\epsilon}_3 - \dot{\Lambda} \epsilon_3. \tag{3.55}$$

Des équations (3.55) et (3.53)-(3.54), finalement la dynamique des erreurs d'estimation est :

$$
\begin{aligned}
\dot{\epsilon}_1 &= [A_1(y) - S_1^{-1} C_1^T C_1]\epsilon_1 + \Delta A_1(y) X_2 \\
&\quad + F_1(X_2) + \Delta F_1(X_2) - F_1(Z_2) \\
\dot{\epsilon}_2 &= [A_2(y) - \Gamma S_x^{-1} C_2^T C_2]\epsilon_2 + (B' - K')\epsilon_1 \\
&\quad + \Delta A_2(y) X_2 + F_2(X_2, X_1) \\
&\quad + \Delta F_2(X_2, X_1) - F_2(Z_2, Z_1) \\
\dot{\epsilon}_3 &= -\varpi S_\theta^{-1} \Lambda^T C_2^T C_2 \Lambda \epsilon_2 - \varpi S_\theta^{-1} \Lambda^T C_2^T C_2 \epsilon_3 - B' \epsilon_1
\end{aligned}
\tag{3.56}
$$

où $B' = B(Z_1) C_1$, $K' = K C_1^T C_1$.

Lemme 1 *(Besançon, 1996b) Supposons que v est une entrée régulièrement persistante pour les systèmes affines en l'état (3.42)-(3.43), et considérons une équation différentielle de Lyapunov :*

$$
\dot{S}(t) = -\theta S(t) - A^T(v(t)) S(t) - S(t) A(v(t)) + C^T C
$$

avec $S(0) > 0$, alors

$$
\exists \theta_0 > 0, \ \forall \theta \ge \theta_0, \ \exists \bar{\alpha} > 0, \ \bar{\beta} > 0, \ t_0 > 0 :
$$

$$
\forall t \ge t_0, \quad \bar{\alpha} I \le S(t) \le \bar{\beta} I,
$$

où I est la matrice identité (voir preuve dans (Besançon, 1996b)).
Il est clair que pour le sous-système (3.49) $v = (u, X_2)$ et $S(t) = S_1$, tandis que pour le sous-système (3.50), $v = (u, X_1)$ et $S(t) = S_x$.

En considérant que (u, X_2) et (u, X_1) sont des entrées régulièrement persistantes pour les système affines en l'état (3.49)-(3.50), respectivement et le lemme 1, alors il existe $t_0 \ge 0$ et $\eta_{S_i}^{max} > 0$, $\eta_{S_i}^{min} > 0$ des constantes positives indépendantes de θ_i tel que $V(t, \epsilon_i) = \epsilon_i^T S_i \epsilon_i$ ($1 \le i \le 3$) pour $i = 1, 2, 3$ vérifie l'inégalité suivante (Besançon, 1996)

$$
\forall t \ge t_0 \quad \eta_{S_i}^{min} \|\epsilon_i\|^2 \le V(t, \epsilon_i) \le \eta_{S_i}^{max} \|\epsilon_i\|^2.
\tag{3.57}
$$

Théorème 2 *Supposons que le système étendu de la MSAPPL (3.42)-(3.43) satisfait les hypothèses 2, 3. En synthétisant un observateur adaptatif interconnecté (3.44)-(3.45) pour le système (3.42)-(3.43), alors, la dynamique (3.56) des erreurs d'estimation est pratiquement fortement uniformément stable.*

Preuve du théorème 2.

Soit, une fonction candidate de Lyapunov définie comme suit :

$$V_o = V_1 + V_2 + V_3,$$

où

$$V_1 = \epsilon_1^T S_1 \epsilon_1, \quad V_2 = \epsilon_2^T S_x \epsilon_2 \quad \text{et} \quad V_3 = \epsilon_3^T S_\theta \epsilon_3.$$

A partir des expressions (3.44), (3.45) et (3.56), nous calculons la dérivée temporelle de V_o :

$$
\begin{aligned}
\dot{V}_o = {} & \epsilon_1^T \left\{ -\rho_{11} S_1 - C_1^T C_1 \right\} \epsilon_1 + 2\epsilon_1^T S_1 \left\{ \Delta A_1(y) \right\} X_1 \\
& + 2\epsilon_1^T S_1 \left\{ F_1(X_2) - F_1(Z_2) + \Delta F_1(X_2) \right\} \\
& + \epsilon_2^T \left\{ -\rho_x S_x - (2 S_x \Gamma S_x^1 - 1) C_2^T C_2 \right\} \epsilon_2 \\
& + 2\epsilon_2^T S_x \left\{ \Delta A_2(X_1) \right\} X_2 + 2\epsilon_2^T S_x (B' - K') \epsilon_1 \\
& + 2\epsilon_2^T S_x \left\{ F_2(X_1, X_2) - F_2(Z_1, Z_2) + \Delta F_2(X_1, X_2) \right\} \\
& + \epsilon_3^T [-\rho_\theta S_\theta - (2\varpi - 1) \Lambda^T C_2^T C_2 \Lambda] \epsilon_3 \\
& - 2\epsilon_3^T (\varpi \Lambda^T C_2^T C_2) \epsilon_2 - 2\epsilon_3^T S_\theta B' \epsilon_1
\end{aligned}
\tag{3.58}
$$

De la remarque 8 et l'hypothèse 3 on a :

$$
\begin{aligned}
& \|S_1\| \le k_1, \ \|S_x\| \le k_2, \ \|S_\theta\| \le k_3, \ \|X_1\| \le k_4, \ \|X_2\| \le k_5 \\
& \|\{F_1(X_2) - F_1(Z_2)\}\| \le k_6 \|\epsilon_1\| + k_7 \|\epsilon_2\| \\
& \|\{F_2(X_1, X_2) - F_2(Z_1, Z_2)\}\| \le k_8 \|\epsilon_1\| + k_9 \|\epsilon_3\| \\
& \|B'\| \le k_{10}, \ \|K'\| \le k_{11}, \ \|\Lambda^T C_2^T C_2\| \le k_{12}.
\end{aligned}
\tag{3.59}
$$

A partir des équations (3.59) et (3.58), on regroupe les termes communs en $\|\epsilon_1\|$, $\|\epsilon_2\|$ et $\|\epsilon_3\|$. Alors, la dérivée temporelle de V_o (3.58) peut être réécrite comme suit :

$$
\begin{aligned}
\dot{V}_o \le {} & -(\rho_{11} - 2k_1 k_6) \epsilon_1^T S_1 \epsilon_1 \\
& -(\rho_x) \epsilon_2^T S_x \epsilon_2 - (\rho_\theta) \epsilon_3^T S_\theta \epsilon_3 \\
& + 2\mu_1 \|\epsilon_1\| + 2\mu_2 \|\epsilon_2\| + 2\mu_3 \|\epsilon_1\| \|\epsilon_2\| \\
& + 2\mu_4 \|\epsilon_2\| \|\epsilon_3\| + 2\mu_5 \|\epsilon_1\| \|\epsilon_3\|
\end{aligned}
\tag{3.60}
$$

où

$$
\begin{aligned}
\mu_1 &= k_1(\rho_3 + k_4 \rho_1), \quad \mu_2 = k_2(\rho_4 + k_5 \rho_2) + k_1 k_7, \quad \mu_3 = k_2(k_8 + k_{10} - k_{11}), \\
\mu_4 &= k_2 k_9 - \varpi k_{12}, \quad \mu_5 = -k_3 k_{10}.
\end{aligned}
$$

En écrivant l'inégalité (3.60) en fonction de V_1, V_2 et V_3, il suit que :

$$
\begin{aligned}
\dot{V}_o \leq\ & -(\rho_{11} - 2k_1k_6)V_1 - (\rho_x)V_2 - (\rho_\theta)V_3 \\
& +2\tilde{\mu}_1\sqrt{V_1} + 2\tilde{\mu}_2\sqrt{V_2} + 2\tilde{\mu}_3\sqrt{V_1}\sqrt{V_2} \\
& +2\tilde{\mu}_4\sqrt{V_2}\sqrt{V_3} + 2\tilde{\mu}_5\sqrt{V_1}\sqrt{V_3}
\end{aligned}
\tag{3.61}
$$

où

$$
\tilde{\mu}_1 = \frac{\mu_1}{\sqrt{\eta_{S_1}^{min}}}, \quad \tilde{\mu}_2 = \frac{\mu_2}{\sqrt{\eta_{S_x}^{min}}}, \quad \tilde{\mu}_3 = \frac{\mu_3}{\sqrt{\eta_{S_1}^{min}}\sqrt{\eta_{S_x}^{min}}}, \quad \tilde{\mu}_4 = \frac{\mu_4}{\sqrt{\eta_{S_x}^{min}}\sqrt{\eta_{S_\theta}^{min}}}, \quad \tilde{\mu}_5 = \frac{\mu_5}{\sqrt{\eta_{S_1}^{min}}\sqrt{\eta_{S_\theta}^{min}}}.
$$

Considérons les inégalités suivantes :

$$
\begin{aligned}
\sqrt{V_1}\sqrt{V_2} &\leq \tfrac{\varphi_1}{2}V_1 + \tfrac{1}{2\varphi_1}V_2, \\
\sqrt{V_1}\sqrt{V_3} &\leq \tfrac{\varphi_2}{2}V_1 + \tfrac{1}{2\varphi_2}V_3 \\
\sqrt{V_2}\sqrt{V_3} &\leq \tfrac{\varphi_3}{2}V_2 + \tfrac{1}{2\varphi_3}V_3 \qquad \forall \varphi_i (i = 1, 2, 3) \in\ ]\,0, 1\,[\ .
\end{aligned}
\tag{3.62}
$$

De l'équation (3.62) et l'équation (3.61), on obtient

$$
\begin{aligned}
\dot{V}_o \leq\ & -(\rho_{11} - 2k_1k_6 - \tilde{\mu}_3\varphi_1 - \tilde{\mu}_5\varphi_2)V_1 - (\rho_x - \tilde{\mu}_4\varphi_3 - \tfrac{\tilde{\mu}_3}{\varphi_1})V_2 \\
& -(\rho_\theta - \tfrac{\tilde{\mu}_4}{\varphi_3} - \tfrac{\tilde{\mu}_5}{\varphi_2})V_3 + \tilde{\mu}_{11}\|\epsilon_1\| + \tilde{\mu}_{22}\|\epsilon_2\|,
\end{aligned}
\tag{3.63}
$$

avec $\tilde{\mu}_{11} = 2\tilde{\mu}_1$, $\quad \tilde{\mu}_{22} = 2\tilde{\mu}_2$.
En prenant ρ_{11}, ρ_x et ρ_θ suffisamment grand tel que :

$$
\begin{aligned}
\delta_1 &= \rho_{11} - 2k_1k_6 - \tilde{\mu}_3\varphi_1 - \tilde{\mu}_5\varphi_2 > 0, \\
\delta_2 &= \rho_x - \tilde{\mu}_4\varphi_3 - \tfrac{\tilde{\mu}_3}{\varphi_1} > 0, \\
\delta_3 &= \rho_\theta - \tfrac{\tilde{\mu}_4}{\varphi_3} - \tfrac{\tilde{\mu}_5}{\varphi_2} > 0,
\end{aligned}
$$

ainsi les valeurs minimales de ρ_{11}, ρ_x et ρ_θ sont données par :

$$
\begin{aligned}
\rho_{11} &> 2k_1k_6 + \tilde{\mu}_3\varphi_1 + \tilde{\mu}_5\varphi_2, \\
\rho_x &> \tilde{\mu}_4\varphi_3 + \tfrac{\tilde{\mu}_3}{\varphi_1}, \\
\rho_\theta &> \tfrac{\tilde{\mu}_4}{\varphi_3} + \tfrac{\tilde{\mu}_5}{\varphi_2}.
\end{aligned}
\tag{3.64}
$$

Posant $\delta = min(\delta_1, \delta_2, \delta_3)$, $\quad \mu = max(\tilde{\mu}_{11}, \tilde{\mu}_{22})$. Il suit que :

$$
\begin{aligned}
\dot{V}_o &\leq -\delta(V_1 + V_2 + V_3) + \mu(\sqrt{V_1} + \sqrt{V_2}) \\
&\leq -\delta V_o + \mu\psi\sqrt{V_o},
\end{aligned}
\tag{3.65}
$$

où $\psi\sqrt{V_1 + V_2 + V_3} > \sqrt{V_1} + \sqrt{V_2}$ et $\psi > 0$.

Considérant le changement de variable suivant $v = 2\sqrt{V_o}$, la dérivée temporelle de v satisfait :

$$
\dot{v} \leq -\delta v + \psi\mu.
\tag{3.66}
$$

Selon le **théorème** 1 on a $\wp(t,l) = -\delta l + \psi\mu$, donc (3.48) se réécrit

$$\dot{l} = -\delta l + \psi\mu, \quad l(t_0) = l_0 \geq 0. \tag{3.67}$$

Sa solution est donnée par :

$$l(t) = l(t_0)e^{-\delta(t-t_0)} + r \cdot (1 - e^{-\delta(t-t_0)}) \tag{3.68}$$

où $r = \frac{\psi\mu}{\delta}$ dépend sur les paramètres ρ_{11}, ρ_x et ρ_θ.

L'objectif est de prouver que (3.67)est pratiquement uniformément fortement stable (référer à **Corollaire 1**). Dans un premier temps nous, allons montrer d'abord que (3.67) est pratiquement uniformément stable :

Supposons que $l(t_0) \leq \hbar_1$. De (3.68) on obtient :

$$
\begin{aligned}
l(t) &\leq l(t_0) + r \\
&\leq \hbar_1 + r \leq \hbar_2
\end{aligned} \tag{3.69}
$$

Alors,

$$l(t_0) \leq \hbar_1 \Rightarrow l(t) \leq \hbar_2, \quad \forall t \geq t_0.$$

D'après la définition **PS1**, (3.67) est pratiquement uniformément stable.

L'étape suivante est de prouver que (3.67) est pratiquement uniformément quasi stable. Supposons qu'il existe $\hbar_1 > 0$, $\Im > 0$, $T > 0$, $l(t_0) \leq \hbar_1$ et $t \geq t_0 + T$. La solution (3.68) satisfait les inégalités suivantes :

$$
\begin{aligned}
l(t) &\leq l(t_0)e^{-\delta T} + r \\
&\leq \hbar_1 e^{-\delta T} + r \leq \Im
\end{aligned} \tag{3.70}
$$

Alors

$$l(t_0) \leq \hbar_1 \Rightarrow l(t) \leq \Im, \quad \forall t \geq t_0 + T.$$

D'après la définition **PS2**, (3.67) est pratiquement uniformément quasi stable.

De la définition **PS3**, (3.67) est pratiquement fortement uniformément stable.

Dans le but de prouver que la dynamique des erreurs d'estimation (3.56) est pratiquement fortement uniformément stable, vérifions toutes les conditions du **théorème** 1. A partir de (3.69) et (3.70), $\hbar_1 < \hbar_2$, $\Im < \hbar_2$, alors la condition **i)** du **théorème** 1 est vérifiée.

Considérant l'inégalité (3.57), nous obtenons $\eta^{min} \|e\|^2 \leq V_o(t,e) \leq \eta^{max} \|e\|^2$, $V_o(t,e)$ est une fonction de Lyapunov localement Lipschitz par rapport à e, où $\eta^{min} = min\{\eta_{S_1}^{min}, \eta_{S_x}^{min}, \eta_{S_\theta}^{min}\}$ et $\eta^{max} = max\{\eta_{S_1}^{min}, \eta_{S_x}^{min}, \eta_{S_\theta}^{min}\}$.

Prenant

$$
\begin{aligned}
d_1(\|e\|) &= \eta^{min} \|e\|^2, \\
d_2(\|e\|) &= \eta^{max} \|e\|^2.
\end{aligned}
$$

Pour $(t,e) \in \mathbb{R}_+ \times B_{\hbar_2}$,

$$d_1(\|e\|) \leq V_o(t, e) \leq d_2(\|e\|)$$

De (3.65)

$$\wp(t, V_o(t, e)) = -\delta V_o + \mu \psi \sqrt{V_o}.$$

Alors, les conditions **ii)** et **iii)** du **théorème** 1 sont vérifiées.

Il ne nous reste que la condition **iv)** du **théorème** 1 à vérifier. Sachant que :

$$v(t_0) \leq \hbar_1 (puisque\ l(t_0) \leq \hbar_1) \;\Rightarrow\; v(t) \leq \hbar_2 \; (puisque\ l(t) \leq \hbar_2), \quad \forall t \geq t_0.$$

Par ailleurs, $V_o(t, e) = \frac{1}{4}v(t)^2$. Donc, d'une part, on a :

$$v(t_0) \leq \hbar_1, \Rightarrow \eta^{min} \|e_0\|^2 < \tfrac{1}{4}\hbar_1^2.$$
$$\|e_0\| < \frac{1}{2\sqrt{\eta^{min}}}\hbar_1.$$

d'autre part,

$$\begin{aligned}
\tfrac{1}{4}v(t)^2 &= V_o(t, e) \\
&= \eta^{max} \|e(t)\|^2 < \tfrac{1}{4}\hbar_2^2 \\
\|e(t)\| &< \frac{1}{2\sqrt{\eta^{max}}}\hbar_2.
\end{aligned}$$

Par conséquent :

$$0 < \frac{1}{2\sqrt{\eta^{min}}}\hbar_1 < \frac{1}{2\sqrt{\eta^{max}}}\hbar_2$$
$$\eta^{max}\hbar_1^2 < \eta^{min}\hbar_2^2, \Rightarrow d_2(\hbar_1) < d_1(\hbar_2).$$

Puisque toutes les conditions du **théorème** 1 sont bien vérifiées, alors la dynamique des
erreurs d'estimation (3.56) est pratiquement fortement uniformément stable dans la boule
B_r de rayon $r = \frac{\psi\mu}{\delta}$. Par conséquent, les observateurs (3.44) et (3.45) sont des observateurs
à convergence pratique.

Remarque 11

1. *L'inégalité (3.64) dépend des constantes de Lipschitz définies dans la remarque 8. A
partir de ces constantes de Lipschitz, nous calculons la valeur minimale de ρ_{11}, ρ_x et
ρ_θ. Ensuite on choisit les valeurs adéquates de ρ_{11}, ρ_x et ρ_θ dans le but d'accélérer la
convergence de l'observateur.*
2. *L'analyse de l'inégalité (3.65) aboutit aux deux cas selon la valeur de μ,*
   - *Les paramètres de la machine sont connus i.e $\mu = 0$:*
     *alors on a $\dot{V}_o \leq -\delta V_o$. Pour affirmer que V_o est une fonction de Lyapunov il suffit
     de choisir ρ_{11}, ρ_x et ρ_θ tels que l'inégalité (3.64) soit satisfaite. Alors la convergence
     asymptotique de l'erreur d'estimation est fixée arbitrairement par ρ_{11}, ρ_x et ρ_θ.*

– *Les paramètres de la machine varient i.e $\mu \neq 0$ (Khalil, 1992) :*
L'inégalité (3.65) peut être réécrite :

$$\dot{V}_o \leq -(1 - \varsigma)\delta V_o - \varsigma V_o + \mu\psi \|e\|, 1 > \varsigma > 0. \tag{3.71}$$

Finalement, on obtient

$$\dot{V}_o \leq -(1 - \varsigma)\delta V_o, \ \forall \|e\| \geq \frac{\mu\psi}{\varsigma\delta}. \tag{3.72}$$

Pour que $\dot{V}_o$ soit négative, il faut que l'erreur d'estimation (3.72) soit toujours supérieure à $\frac{\mu\psi}{\varsigma\delta}$. Cette erreur d'estimation sera stable à condition d'être toujours supérieure à $\frac{\mu\psi}{\varsigma\delta}$. δ étant dépendant de ρ_{11}, ρ_x et ρ_θ est théoriquement ajustable, donc on peut toujours le régler de manière que l'erreur soit toujours supérieure à $\frac{\mu\psi}{\varsigma\delta}$. C'est la précision minimale de l'estimation obtenue par l'observateur adaptatif interconnecté.

3.11 Résultats de simulation de l'observateur adaptatif interconnecté

Les résultats présentés ci-dessous montrent la performance de l'observateur adaptatif interconnecté en utilisant l'environnement *Matlab/Simulink*. Cet observateur est testé en boucle ouverte sur le Benchmark "Commande sans capteur mécanique".
Essai avec les paramètres "nominaux"

Pour cet essai nous considérons les paramètres identifiés comme paramètres "nominaux". Les figures (3.33 et 3.34) montrent la vitesse et le couple charge estimés.

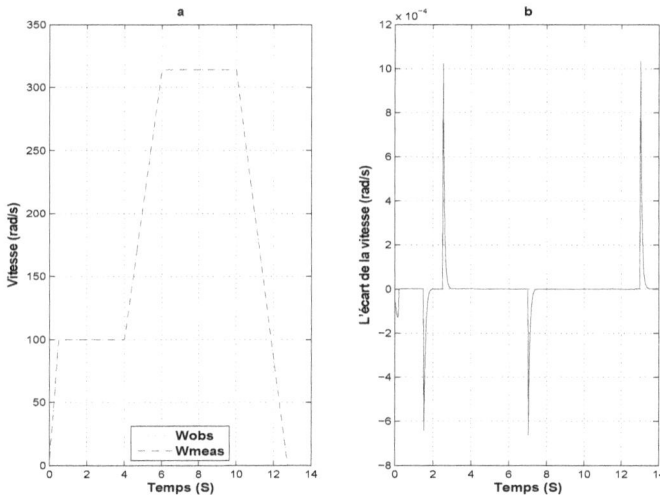

FIGURE 3.33: Cas nominal : a) Vitesse   b) Erreur de la vitesse

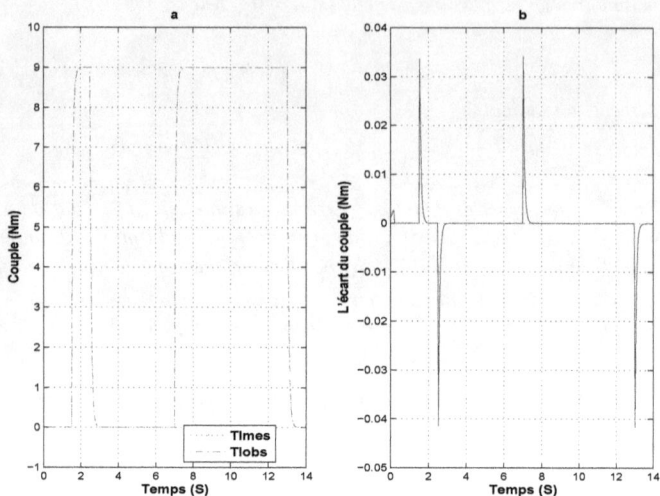

FIGURE 3.34: Cas nominal : a) Couple de charge   b) Erreur du couple

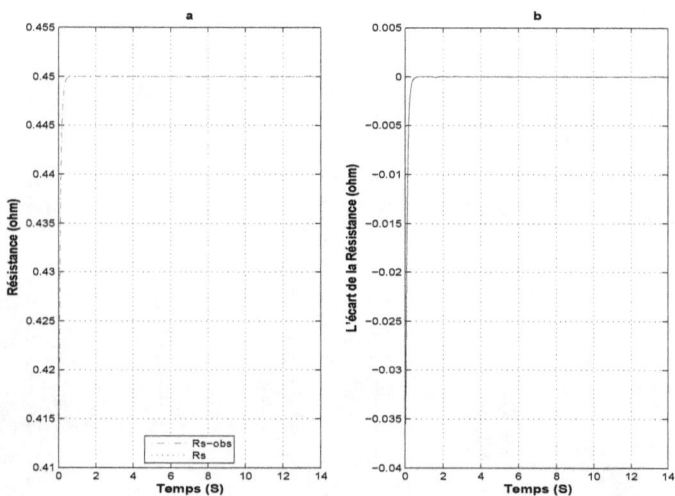

FIGURE 3.35: Cas nominal : a) Résistance   b) Erreur de la résistance

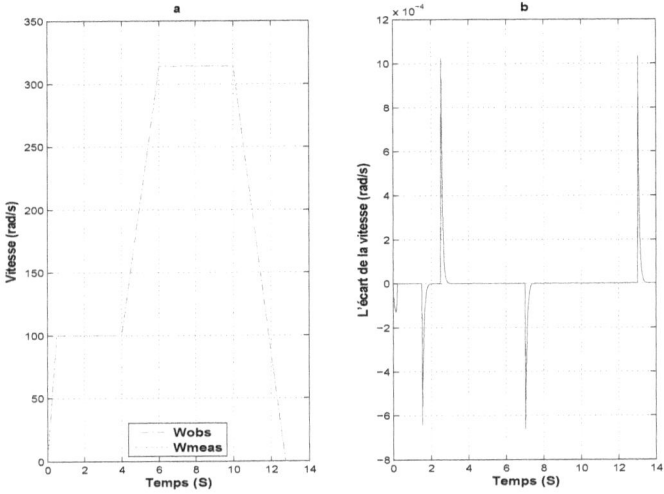

FIGURE 3.36: $+50\%R_s$: a) Vitesse   b) Erreur de la vitesse

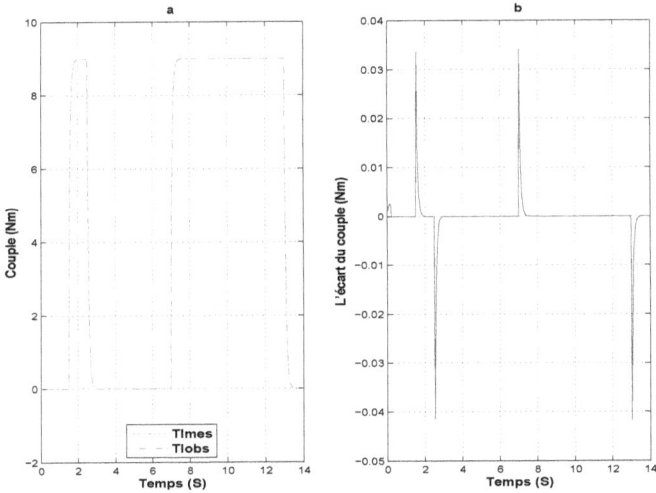

FIGURE 3.37: $+50\%R_s$: a) Couple de charge   b) Erreur du couple

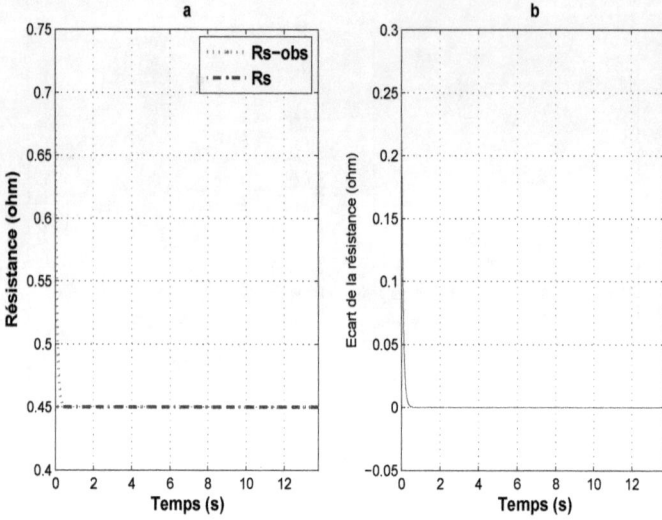

FIGURE 3.38: $+50\%R_s$: a) Résistance   b) Erreur de la résistance

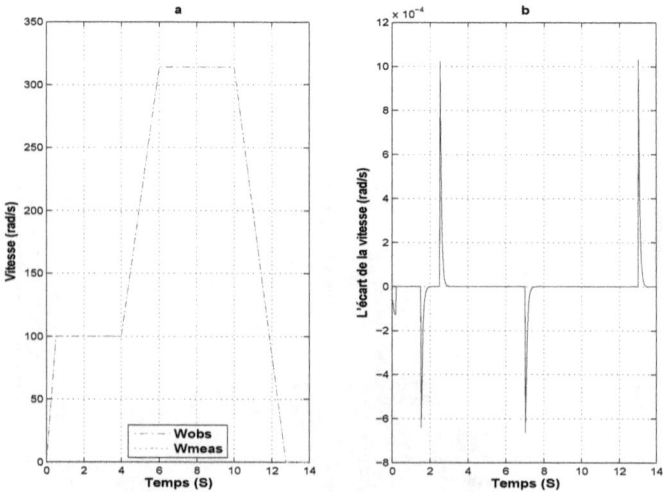

FIGURE 3.39: $-50\%R_s$: a) Vitesse   b) Erreur de la vitesse

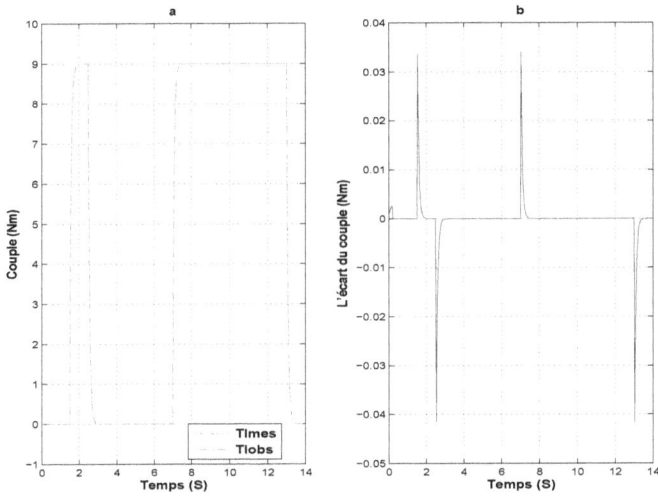

FIGURE 3.40: $-50\%R_s$: a) Couple de charge   b) Erreur du couple

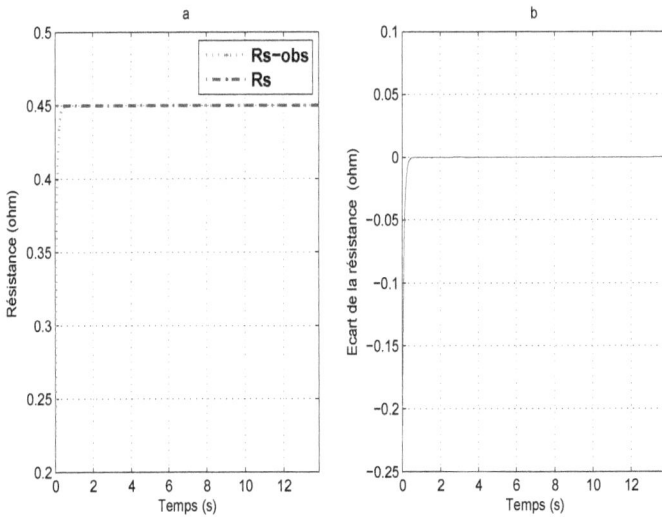

FIGURE 3.41: $-50\%R_s$: a) Résistance   b) Erreur de la résistance

3.12   Conclusion

Après avoir brièvement rappelé les principales raisons d'observer certaines grandeurs de
la MSAP, nous avons présenté dans ce chapitre plusieurs observateurs pour reconstruire
les variables d'état non mesurables à partir des mesures disponibles. Nous avons d'abord
synthétisé deux observateurs à modes glissants d'ordre un dont un basé sur la FEM et
l'autre basé sur un modèle complet. L'analyse de la stabilité de chacun a été prouvée.
Ces deux observateurs ont été validés expérimentalement sur le benchmark présenté par
la figure (2.4). Des tests de robustesse ont été effectués. Ensuite, nous avons conçu un
observateur à modes glissants d'ordre supérieur. Cet observateur utilise l'algorithme du
super twisting.

Enfin, nous avons synthétisé un observateur adaptatif interconnecté qui estime, en plus
des variables mécaniques, la résistance statorique qui est variable et primordiale à très
basse vitesse (Low, 1993), (Nahid, 2001) et (Rashed, 2007). Cet observateur a été testé
en boucle ouverte en simulation. Les tests de robustesse vis-à-vis des variations paramétriques de la machine ont montrés que l'observateur interconnecté adaptatif est robuste.
Le tableau (3.2) résume les performances globales des différents observateurs conçus et
testés en boucle ouverte.

TABLE 3.2: Performances globales des observateurs conçus

	Observateur			
	FEM	Modèle Complet	Super Twisting	adaptatif interconnecté
Repère de conception	$\alpha - \beta$	$\alpha - \beta$	$\alpha - \beta$	$d - q$
$+50\%R_s$	$*$	$* * *$	$* *$	$* * * * *$
$-50\%R_s$	$*$	$* * *$	$* *$	$* * * * *$
$+20\%L_s$	$*$	$* * *$	$* * *$	$*$
$-20\%L_s$	$*$	$* * *$	$* * *$	$*$
Estimation du T_l	Non	Non	Non	Oui
Facilité de réglage	$* * *$	$* * *$	$* * *$	$*$ (7 paramètres)
Type de convergence	t_f	t_f	t_f	asymptotique
Temps de calcul	$20\ \mu s$	$32\ \mu s$	$6\ \mu s$	$17\ \mu s$

Chapitre 4

Commande non linéaire sans capteur

4.1 Introduction

Malgré les qualités du moteur synchrone à aimants permanents abordées au chapitre 2, sa commande performante a longtemps été difficile à cause de la non linéarité de son modèle, de ses paramètres mal connus ainsi que de sa dynamique rapide. De même, il existe des perturbations non mesurables comme pour tous les actionneurs électriques. Tout ceci rend la mise en oeuvre d'une loi de commande très compliquée. Cependant, ces dernières années, un intérêt considérable a été accordé aux machines synchrones à aimants permanents grâce d'une part à l'évolution des microprocesseurs et d'autre part aux progrès dans le domaine de la commande des systèmes non linéaires.

Pour positionner notre travail, il est nécessaire de citer les travaux déjà réalisés. Dans la littérature, il existe plusieurs techniques de commande sans capteur mécanique de la machine synchrone à aimants permanents. La plupart des observateurs proposés sont utilisés avec une commande linéaire.

Dans (Lee, 2008), il est proposé une commande vectorielle classique dont trois régulateurs (PI) avec compensation des termes non linéaires pour la vitesse et les courants i_d et i_q. La vitesse et la position sont estimées via un observateur hybride basé sur la FEM. Des résultats expérimentaux ont été montrés sans aucune analyse de la stabilité. De même, un observateur de modes glissants pour estimer à la fois la vitesse et la position a été proposé par (Gu, 2004). Un observateur à mode glissant adaptatif pour estimer la position a été présenté par (Chi, 2007). La vitesse est calculée en utilisant une boucle à verrouillage de phase (PLL). Ce schéma prend en compte le mode défluxage. Dans (Boulbair, 2004) une commande vectorielle avec compensation des termes non linéaires a été associée à un observateur de Kalman étendu. Tandis qu'une commande par retour d'état a été présentée dans (Zheng, 2007) en utilisant un observateur de Kalman étendu qui estime la position, la vitesse et le couple de charge.

Récemment, la commande non linéaire sans capteur mécanique est étudiée. La commande modes glissants d'ordre supérieur quasi-continue a été proposée (Ciabattoni, 2010) avec la mesure de la position pour estimer la vitesse. La commande de type backstepping a été présentée (Ke, 2005) avec la mesure de la position pour estimer la vitesse. De plus, une commande backstepping adaptatif pour la MSAPPS a été proposée par (Huang, 2010). La vitesse est estimée à l'aide de FEME.

Ce chapitre se consacrera principalement à proposer des lois de commande non linéaires sans capteur mécanique de la machine synchrone à aimants permanents à pôles lisses. Nous présenterons des techniques des commandes non linéaires dotées d'un observateur d'état dont le rôle est de reconstruire les états non mesurables du système à commander. A cet effet, une loi de commande vectorielle basée sur les modes glissants d'ordre supérieur à trajectoires pré-calculées avec une convergence en temps fini sera proposée. Ensuite, une loi de commande de type backstepping sera présentée. Enfin, une loi de commande vectorielle basée sur les modes glissants d'ordre supérieur de type homogène (quasi-continue (Levant, 2005a)) avec une convergence en temps fini sera conçue. Chaque loi de commande synthétisée sera associée à un ou deux observateurs présentés au chapitre 3 pour réaliser la commande sans capteur mécanique de la machine synchrone à aimants permanent à pôles lisses. Une preuve de la stabilité globale de l'ensemble "observateur+commande" pour chaque type de commande élaboré sera donnée. Pour chaque loi de commande associée à un observateur, nous allons montrer les résultats de simulation obtenus sur le "Benchmark Commande Sans Capteur Mécanique" présenté par la figure (2.4).

4.2 Commande vectorielle basée sur les modes glissants d'ordre supérieur à convergence en temps fini

4.2.1 Introduction

La commande par modes glissants est apparue dans les années 50 et est activement étudiée aujourd'hui. Cette stratégie de commande fait partie des commandes à structure variable. Elle consiste à définir une famille de surfaces de glissement et à forcer le système dynamique à suivre l'une d'elles. Pour atteindre cet objectif, une commande discontinue (le plus souvent) est utilisée pour assurer le maintien de la dynamique de l'état sur la surface de glissement définie, malgré les incertitudes paramétriques et les perturbations ; le système étudié est alors en régime glissant. Si les conditions de maintien du régime glissant sont assurées alors les dynamiques du systèmes sont insensibles aux variations paramétriques et aux perturbations extérieures. Dans la réalité, les paramètres réels de toutes les machines électriques ne sont pas parfaitement connus à cause des erreurs d'identification, de la variation des résistances avec la température et des non linéarités magnétiques,.... De plus les convertisseurs utilisés lors de la commande des machines introduisent des bruits de mesure dans les lois de commande. Pour toutes ces raisons (perturbations, variation paramétrique), le système en boucle fermée ne glisse pas parfaitement sur la surface de glissement ; il quitte celle-ci mais la commande discontinue l'y ramène.
Cependant, il existe quelques problèmes comme le phénomène de réticence et la brutalité d'une commande discontinue conjuguée aux techniques de Modulation de Largeur d'Impulsion. Ces inconvénients peuvent être vraiment néfastes pour les moteurs en provoquant un échauffement important dans les enroulements. Une des solutions pour palier ce défaut est d'utiliser des commandes par modes glissants d'ordre supérieur au degré relatif du système par rapport à la variable de glissement choisie. Depuis les années 80 sont apparues différentes stratégies de commande par modes glissants dites d'ordre supérieur, dont la commande discontinue agit sur les dérivées d'ordre supérieur de la variable de glissement. Pour atteindre le suivi robuste de trajectoires de références, la technique appliquée par ce type de commande est de forcer la dynamique du système à correspondre avec celle définie par l'équation de la surface.

Dans les paragraphes suivants, une commande par modes glissants d'ordre supérieur est synthétisée dans un contexte multivariable pour assurer un suivi de la vitesse de la MSAPPL. La stratégie de cette commande est basée sur la poursuite d'une trajectoire pré-calculée permettant la convergence en temps fini (Levant, 2001), (Plestan, 2007) et (Plestan, 2008).

4.2.2 Concepts de base

La commande par modes glissants d'ordre supérieur à trajectoire pré-calculées a pour objectif de choisir une surface de glissement de telle sorte que le système, dès sa position initiale, est déjà sur cette surface et la commande le contraint à y évoluer de manière à assurer la convergence en temps fini malgré les incertitudes et les perturbations.
La conception de cette loi de commande de type mode glissant d'ordre supérieur se compose de deux phases :

1. En fonction des conditions initiales du système, une trajectoire est pré-calculée. Cette trajectoire permet de modifier la surface de glissement de telle sorte que les trajectoires du système évoluent sur la surface pour tout $t \geq 0$.

2. Une commande discontinue est élaborée pour assurer que le système évolue sur la surface de glissement, en dépit de la présence d'une certaine classe d'incertitudes et de perturbations.

Les principaux avantages de cette stratégie sont (Traore, 2008) :
- connaissance a priori du temps de convergence et réglage de la loi de commande indépendant de ce temps,
- établissement du mode glissant dès l'instant initial, ce qui confère à la loi de commande un comportement robuste durant toute la réponse du système,
- la stratégie de commande est applicable quelque soit l'ordre des modes glissants (supérieur ou égal au degré relatif du système),
- la génération de la trajectoire permettant la convergence en temps fini.

4.2.3 Application à la commande de la MSAPPL

Nous synthétisons une commande par modes glissants d'ordre supérieur à trajectoire pré-calculée qui garantit une performance robuste vis-à-vis des incertitudes paramétriques et des perturbations. La stratégie de cette commande qui est proposée par (Plestan, 2007), est basée sur la poursuite d'une trajectoire pré-calculée permettant la convergence en temps fini (pour de plus amples détails voir Annexe B). Dans ce cas, l'objectif de la commande est double : à savoir assurer un suivi de vitesse (Ω) selon la trajectoire de référence définie par le benchmark "Commande sans capteur mécanique" (figure 2.4) et de contraindre le courant i_d à 0. Cette dernière contrainte à été faite afin de minimiser les pertes joule et d'éviter les effets des ondulations ainsi que des réluctances du couple électromagnétique. Soient σ_{i_d} et σ_Ω les variables de glissement définies par

$$s = \begin{bmatrix} \sigma_\Omega \\ \sigma_{i_d} \end{bmatrix} = \begin{bmatrix} \Omega - \Omega^* \\ i_d - i_d^* \end{bmatrix} \tag{4.1}$$

A partir de l'équation (2.18), on déduit que le degré relatif de σ_Ω et σ_{i_d} par rapport à l'entrée u est égal à deux ($r_2 = 2$) et un ($r_1 = 1$) respectivement. Dans l'optique d'assurer une convergence en temps fini vers les trajectoires désirées, les ordres de modes glissants doivent être choisis supérieurs ou égaux aux degrés relatifs du système. De plus, en vue d'atténuer au maximum le phénomène de chattering, il est intéressant que la discontinuité agisse, non pas sur les entrées de commande, mais sur leurs dérivées. Aussi, afin d'obtenir une bonne précision de convergence, l'ordre de glissement est alors choisi à $r_1 = 3$ et $r_2 = 2$ pour que les discontinuités agissent sur les dérivées premières des entrées contrôlant la vitesse (Ω) et le courant (i_d). Ainsi, les effets de "chattering" diminuent dans les entrées de la commande.

De (2.18), les dérivées seconde et première des variables de glissement s'écrivent :

$$\begin{bmatrix} \sigma_\Omega^{(2)} \\ \sigma_{i_d}^{(1)} \end{bmatrix} = \begin{bmatrix} \chi_1 \\ \chi_2 \end{bmatrix} + \Gamma \begin{bmatrix} u_d \\ u_q \end{bmatrix} \tag{4.2}$$

avec

$$\chi_1 = -\Omega_{ref}^{(2)} + a_3(-a_2\Omega + p\Omega i_d - a_1 i_q) - a_4(a_3 i_q - a_4\Omega)$$
$$\chi_2 = -a_1 i_d + p\Omega i_q \tag{4.3}$$

$$\Gamma = \begin{bmatrix} 0 & \Gamma_{12} \\ \Gamma_{21} & 0 \end{bmatrix}. \tag{4.4}$$

où

$$-\frac{R_s}{L_s} = -a_1, \quad -\frac{p\psi_f}{L_s} = -a_2, \quad \frac{p\psi_f}{J} = a_3, \quad -\frac{f_v}{J} = -a_4, \quad \frac{1}{L_s} = a_5,$$
$$\Gamma_{12} = a_3 a_5, \quad \Gamma_{21} = a_5.$$

Sachant que les paramètres de la MSAP varient par rapport à leurs valeurs nominales, les valeurs de χ_1, χ_2 et Γ dépendent donc des valeurs nominales et des incertitudes des paramètres. ces différentes variations ont été formalisées de la manière suivante :

$$\chi_1 = \chi_{10} + \Delta\chi_1$$
$$\chi_2 = \chi_{20} + \Delta\chi_2 \tag{4.5}$$
$$\Gamma = \Gamma_0 + \Delta\Gamma$$

avec χ_{10}, χ_{20} et Γ_0 les valeurs nominales connues et $\Delta\chi_1$, $\Delta\chi_2$ et $\Delta\Gamma$ l'ensemble des incertitudes dues aux variations paramétriques et aux perturbations. Supposons que ces incertitudes soient bornées.

La loi de commande u définie à partie des valeurs nominales χ_{10}, χ_{20} et Γ_0 qui sont les grandeurs χ_1, χ_2 et Γ sans incertitude, est appliquée à la MSAP

$$\begin{bmatrix} u_d \\ u_q \end{bmatrix} = \Gamma_0^{-1}\left[-\begin{bmatrix} \chi_{10} \\ \chi_{20} \end{bmatrix} + \begin{bmatrix} v_1 \\ v_2 \end{bmatrix}\right]. \tag{4.6}$$

La matrice Γ_0 est inversible. v_1 et v_2 sont les "nouvelles" commandes.

A partir de (4.2-4.6), la dynamique des variables de commutation s'écrit

$$\begin{bmatrix} \sigma_\Omega^{(2)} \\ \sigma_{i_d}^{(1)} \end{bmatrix} = \underbrace{\begin{bmatrix} \Delta\chi_1 \\ \Delta\chi_2 \end{bmatrix} - \Delta\Gamma \cdot \Gamma_0^{-1}\begin{bmatrix} \chi_{10} \\ \chi_{20} \end{bmatrix}}_{\Psi_\alpha}$$

$$+ \underbrace{\left[\begin{bmatrix} 1 & 0 \\ 0 & 1 \end{bmatrix} + \Delta\Gamma \cdot \Gamma_0^{-1}\right]}_{\Psi_\beta}\begin{bmatrix} v_1 \\ v_2 \end{bmatrix}$$

$$\begin{bmatrix} \sigma_\Omega^{(2)} \\ \sigma_{i_d}^{(1)} \end{bmatrix} = \Psi_\alpha + \Psi_\beta\begin{bmatrix} v_1 \\ v_2 \end{bmatrix}.$$

En dérivant les variables de glissement encore une fois, nous obtenons alors :

$$\begin{bmatrix} \sigma_\Omega^{(3)} \\ \sigma_{i_d}^{(2)} \end{bmatrix} = \underbrace{\dot{\Psi}_\alpha + \dot{\Psi}_\beta\begin{bmatrix} v_1 \\ v_2 \end{bmatrix}}_{\hat{\chi}} + \underbrace{\Psi_\beta}_{\hat{\Gamma}}\begin{bmatrix} \dot{v}_1 \\ \dot{v}_2 \end{bmatrix}$$

$$= \hat{\chi} + \hat{\Gamma} \cdot \dot{v}, \tag{4.7}$$

avec

$$|\hat{\chi}_i| \leq C_{0i}, \forall x \in \chi,$$
$$0 \leq K_{m1} \leq |\hat{\Gamma}_{12}| \leq K_{M1}, \tag{4.8}$$
$$0 \leq K_{m2} \leq |\hat{\Gamma}_{21}| \leq K_{M2}.$$

Le calcul de la commande se déroule en deux étapes :
- Premièrement, nous calculons la surface de glissement (S).
- Ensuite, la commande discontinue (v) sera conçue.

Choix de la variable de commutation

Pour des raisons pratiques, une surface de commutation composée d'un polynôme en position, vitesse et accélération a été choisie. En appliquant, cette correction de trajectoire, la surface de glissement s'écrit :

$$S_\Omega = \sigma_\Omega^{(2)} - \mathcal{F}_1^{(2)} + \lambda_{11}\left[\dot{\sigma}_\Omega - \dot{\mathcal{F}}_1\right] + \lambda_{10}\left[\sigma_\Omega - \mathcal{F}_1\right]$$
$$S_{i_d} = \dot{\sigma}_{i_d} - \dot{\mathcal{F}}_2 + \omega_n\left[\sigma_{i_d} - \mathcal{F}_2\right]$$

où

$$\lambda_{11} = 2\zeta_\Omega\omega_{n\Omega},$$
$$\lambda_{10} = \omega_{n\Omega}^2,$$

$$\mathcal{F}_1 = K_1 F_1 e^{F_1 t} T_1 \sigma_\Omega(0),$$
$$\mathcal{F}_2 = K_2 e^{F_2 t} T_2 \sigma_{i_d}(0),$$

avec

$$K_1 = \begin{bmatrix} \ddot{\sigma}_\Omega(0) \\ 0 \\ \dot{\sigma}_\Omega(0)) \\ 0 \\ \sigma_\Omega(0) \\ 0 \end{bmatrix}^T \cdot \begin{bmatrix} F_1^2 T \sigma_\Omega(0) \\ F_1^2 e^{F_1 t_{F_1}} T_1 \\ F_1 T \sigma_\Omega(0) \\ F_1 e^{F_1 t_{F_1}} T_1 \\ T_1 \sigma_\Omega(0) \\ e^{F_1 t_{F_1}} T_1 \end{bmatrix}^{T}{}^{-1}$$

où le vecteur T_1 est de la forme

$$T_1 = \begin{bmatrix} 1 \\ 1 \\ 1 \\ 1 \\ 1 \\ 1 \end{bmatrix}_{6\times 1}$$

et selon (Plestan, 2007) la matrice F_1 de dimension $2r \times 2r$ est une matrice diagonale (non identité) dont les termes sont négatifs et les valeurs proches les unes des autres pour symétriser les trajectoires.

$$
F_1 = \begin{bmatrix}
-1 & 0 & 0 & 0 & 0 & 0 \\
0 & -1.1 & 0 & 0 & 0 & 0 \\
0 & 0 & -1.2 & 0 & 0 & 0 \\
0 & 0 & 0 & -1.3 & 0 & 0 \\
0 & 0 & 0 & 0 & -1.4 & 0 \\
0 & 0 & 0 & 0 & 0 & -1.5
\end{bmatrix}_{6 \times 6}
$$

De la même manière,

$$
K_2 = \begin{bmatrix} \dot{\sigma}_{i_d}(0)) \\ 0 \\ \sigma_{i_d}(0) \\ 0 \end{bmatrix}^T \cdot \left[\begin{bmatrix} F_2 T_2 \sigma_{i_d}(0) \\ F_2 e^{F_2 t_{F_2}} T_2 \\ T_2 \sigma_{i_d}(0) \\ e^{F_2 t_{F_2}} T \end{bmatrix}^T \right]^{-1}
$$

$$
T_2 = \begin{bmatrix} 1 \\ 1 \\ 1 \\ 1 \end{bmatrix}_{4 \times 1}, \quad F_2 = - \begin{bmatrix} 1 & 0 & 0 & 0 \\ 0 & 1.1 & 0 & 0 \\ 0 & 0 & 1.2 & 0 \\ 0 & 0 & 0 & 1.3 \end{bmatrix}_{4 \times 4}.
$$

Commande discontinue

La commande discontinue v_i est de la forme

$$
\begin{bmatrix} \dot{v}_1 \\ \dot{v}_2 \end{bmatrix} = \begin{bmatrix} -\alpha_\Omega . \mathrm{sign}(S_\Omega) \\ -\alpha_{i_d} . \mathrm{sign}(S_{i_d}) \end{bmatrix} \tag{4.9}
$$

Preuve de la convergence de la commande

A partir de (4.7), la dérivée de la surface de glissement s'écrit

$$
\begin{bmatrix} \dot{S}_\Omega \\ \dot{S}_{i_d} \end{bmatrix} = \varphi_1 + \varphi_2 \cdot \dot{v} - \begin{bmatrix} \mathcal{F}_1^{(3)} - \lambda_{11} \left[\dddot{\sigma}_\Omega - \ddot{\mathcal{F}}_1 \right] - \lambda_{10} \left[\dot{\sigma}_\Omega - \dot{\mathcal{F}}_1 \right] \\ \ddot{\mathcal{F}}_2 - \omega_n \left[\dot{\sigma}_{i_d} - \dot{\mathcal{F}}_2 \right] \end{bmatrix}. \tag{4.10}
$$

En utilisant la même méthode que le théorème 3 - **Annexe B**, alors il existe des gains α_Ω et α_{i_d} tels que

$$
\begin{aligned}
\dot{S}_\Omega S_\Omega &\leq -\eta_\Omega |S_\Omega| \\
\dot{S}_{i_d} S_{i_d} &\leq -\eta_{i_d} |S_{i_d}|,
\end{aligned}
$$

ce qui implique la convergence des trajectoires vers les références.

4.2.4 Analyse de la stabilité en boucle fermée : "Observateur basé sur le modèle complet+Commande"

Afin de réaliser la commande sans capteur mécanique de la MSAP, cette commande est associée à deux observateurs différents cité ci-dessous :

1. l'observateur basé sur le modèle complet (3.30),

2. l'observateur basé sur la FEM (3.2).

Alors, les valeurs estimées de la vitesse et les courants sont fournies à la commande. L'analyse de la stabilité de l'ensemble (observateur + commande) pour chaque cas est identique.

Les variables de glissement deviennent

$$
\begin{aligned}
\sigma_{\hat{\Omega}} &= \hat{\Omega}_{rd} - \Omega^*, \\
\sigma_{\hat{i}_d} &= \hat{i}_d - i_d^*.
\end{aligned}
$$

$$
\begin{aligned}
\sigma_{\hat{\Omega}}^{(2)} &= \chi_{\hat{1}} + \Gamma_{\hat{1}\hat{2}} u_2, \\
\dot{\sigma}_{\hat{i}_d} &= \chi_{\hat{2}} + \Gamma_{\hat{2}\hat{1}} u_1.
\end{aligned}
\tag{4.11}
$$

Les équations (4.3-4.4) deviennent

$$
\begin{aligned}
\chi_{\hat{1}} &= -\Omega_{ref}^{(2)} + a_3(-a_2\hat{\Omega} + p\hat{\Omega}\hat{i}_d - a_1\hat{i}_q) - a_4(a_3\hat{i}_q - a_4\hat{\Omega}), \\
\chi_{\hat{2}} &= -a_1\hat{i}_d + p\hat{\Omega}\hat{i}_q, \\
\Gamma_{\hat{1}\hat{2}} &= a_3 a_5, \\
\Gamma_{\hat{2}\hat{1}} &= a_5.
\end{aligned}
$$

Soient les erreurs d'estimation suivantes :

$$
\begin{aligned}
\bar{\Omega} &= \Omega - \hat{\Omega}, \\
\bar{i}_d &= i_d - \hat{i}_d, \\
\bar{i}_q &= i_q - \hat{i}_q.
\end{aligned}
\tag{4.12}
$$

De (4.12) et (4.11), nous obtenons :

$$
\begin{aligned}
\chi_{\hat{1}} &= \chi_1 + \Delta\chi_{\hat{1}} \\
\chi_{\hat{2}} &= \chi_1 + \Delta\chi_{\hat{2}},
\end{aligned}
\tag{4.13}
$$

où $\Delta\chi_{\hat{1}}$ et $\Delta\chi_{\hat{1}}$ représentent les incertitudes paramétriques, les perturbations (bruit de mesure) et les erreurs d'estimation.

La loi de commande u s'écrit

$$
\begin{bmatrix} u_d \\ u_q \end{bmatrix} = \Gamma_0^{-1} \left[-\begin{bmatrix} \chi_{\hat{0}1} \\ \chi_{\hat{0}2} \end{bmatrix} + \begin{bmatrix} v_1 \\ v_2 \end{bmatrix} \right]
\tag{4.14}
$$

$\chi_{\hat{0}1}$ et $\chi_{\hat{0}2}$ qui sont les valeurs estimées de χ_{01} et χ_{02}. En développant les équations de la même manière décrite lors de la synthèse de la loi de commande, on obtient :

$$
\begin{bmatrix} \dot{v}_1 \\ \dot{v}_2 \end{bmatrix} = \begin{bmatrix} -\alpha_1.\mathrm{sign}(S_{\hat{\Omega}}) \\ -\alpha_2.\mathrm{sign}(S_{\hat{i}_d}) \end{bmatrix}.
$$

En utilisant la même méthode que le théorème 3, alors il existe des gains α_{i_d} et α_Ω tels
que

$$
\begin{aligned}
\dot{S}_{\hat{\Omega}} S_{\hat{\Omega}} &\leq -\eta_{\hat{\Omega}} |S_{\hat{\Omega}}| \\
\dot{S}_{\hat{i}_d} S_{\hat{i}_d} &\leq -\eta_{\hat{i}_d} |S_{\hat{i}_d}|.
\end{aligned}
\tag{4.15}
$$

Ce qui implique la convergence asymptotique des erreurs de poursuite du système en
boucle fermée.

Dans la section suivante, les résultats de simulation de la commande par modes glissant
d'ordre supérieur à trajectoires pré-calculées, associée à l'observateur basé sur le modèle
complet (3.30) sont présentés premièrement. Ensuite, les résultats de simulation de la
même commande associée à l'observateur (3.2) sont montrés .

4.2.5 Résultats de simulation

Les résultats de simulation sont obtenus selon le benchmark "Commande Sans Capteur
Mécanique" (Fig.2.4). Les différents tests sont effectués sur une machine synchrone à
aimants permanent à pôles lisses dont les caractéristiques sont données par le tableau
(3.1). Des variations paramétriques sur l'observateur et la commande par rapport aux
valeurs identifiées sont effectuées pour réaliser des essais de robustesse de la commande
par modes glissants d'ordre supérieur à trajectoire pré-calculée.

La commande associée à l'observateur basé sur le modèle complet

Les performances de l'ensemble "observateur+commande" en suivi de trajectoire sont
présentées par les figures (4.1), (4.2) et (4.3). La figure (4.1-a) illustre la vitesse estimée
pour le cas nominal ainsi que des variation de $\pm 50\%$ sur la valeur nominale de la résistance. L'écart entre la vitesse mesurée et la vitesse estimée est donné par la figure (4.1-b)
pour ces trois cas.
La figure (4.3-a) la vitesse estimée pour le cas nominal ainsi que des variation de $\pm 20\%$ sur
la valeur nominale de l'inductance. L'écart de la vitesse est présenté par la figure (4.3-b).

En termes de suivi de trajectoire, nous pouvons conclure qu'une bonne estimation de la
vitesse. Les figures confirment la robustesse du système en boucle fermée.

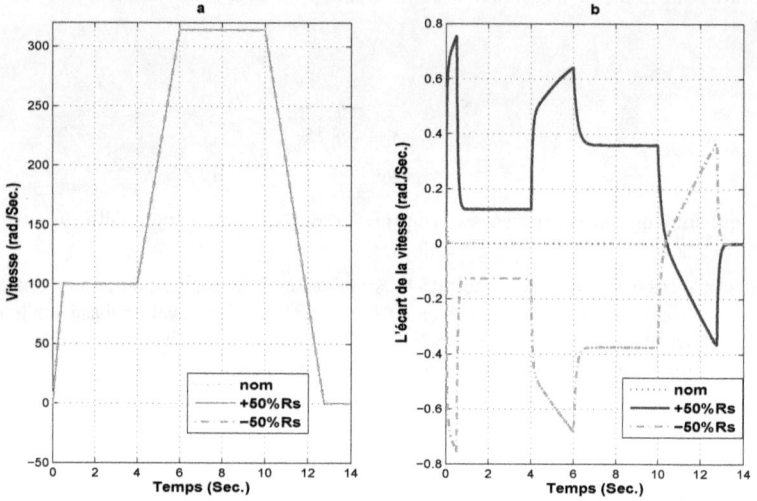

FIGURE 4.1: Variation de R_s : a -vitesse estimée (rad/s)   b -Erreur de la vitesse (rad/s).

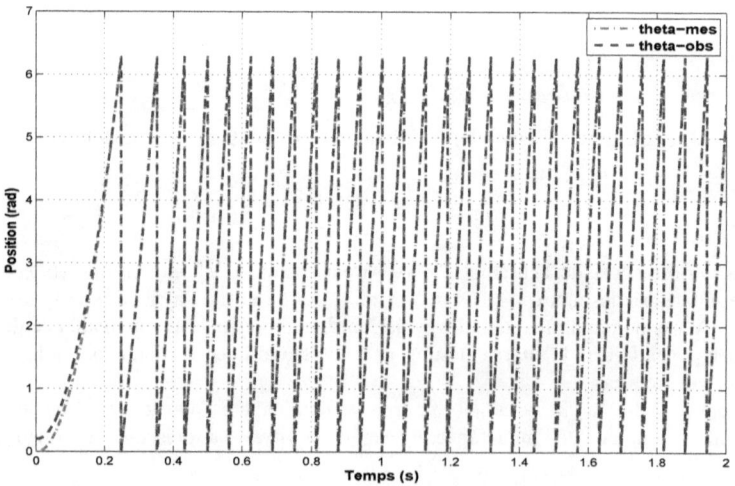

FIGURE 4.2: Cas nominal : estimation de la position.

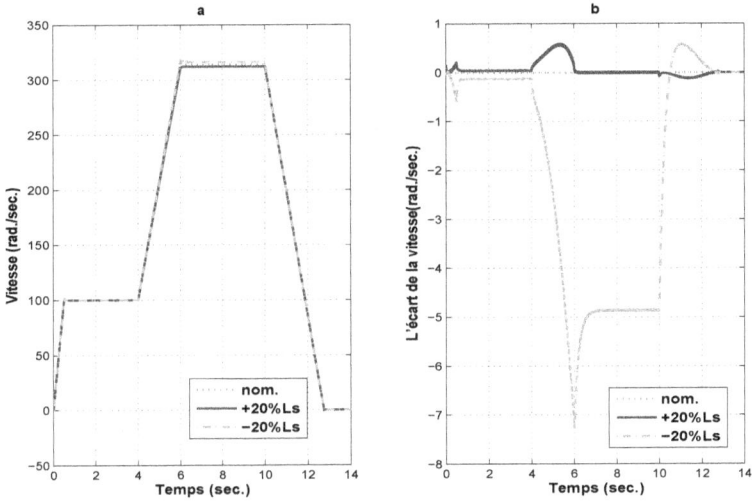

FIGURE 4.3: Variation de L_s : a -vitesse estimée (rad/s)   b -Erreur de la vitesse (rad/s)

La commande associée à l'observateur basé sur la FEM

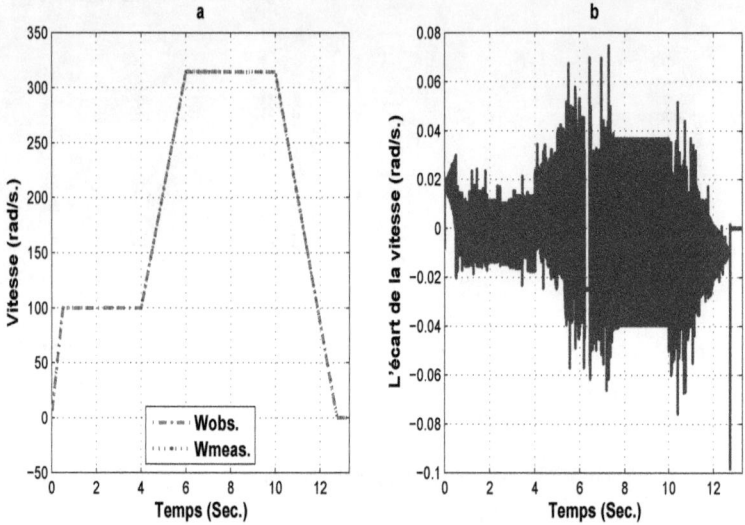

FIGURE 4.4: Cas nominal : a -vitesse estimée (rad/s)   b -Erreur de la vitesse (rad/s).

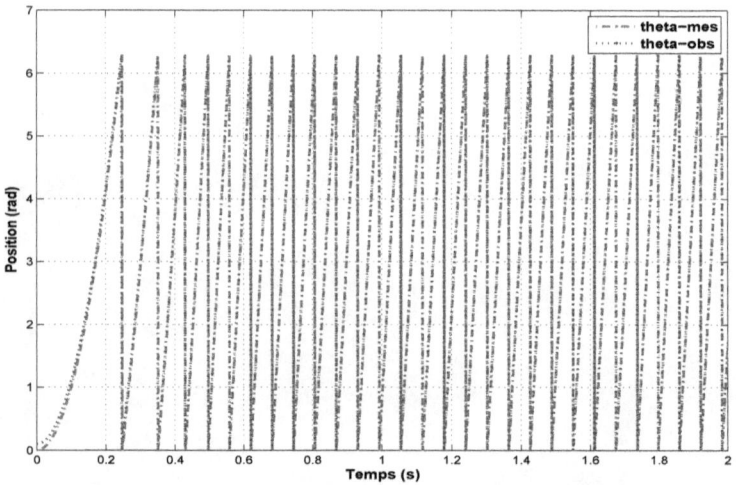

FIGURE 4.5: Cas nominal : estimation de la position (rad).

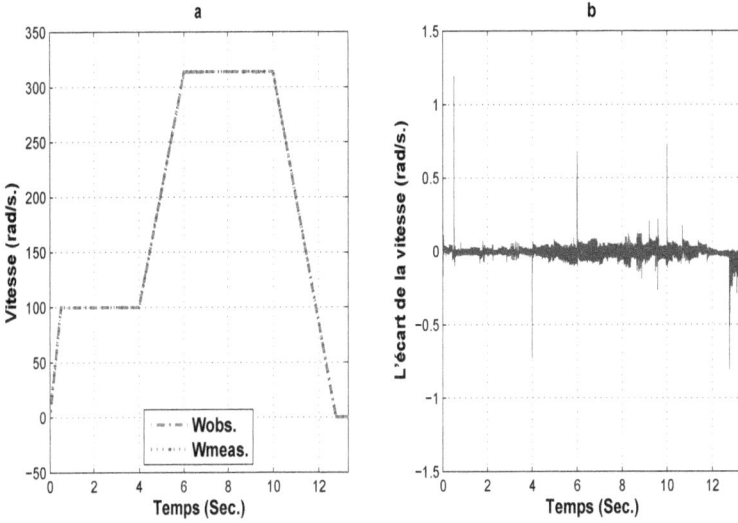

FIGURE 4.6: Variation de $-20\%L_s$: a -vitesse estimée (rad/s)   b -Erreur de la vitesse (rad/s)

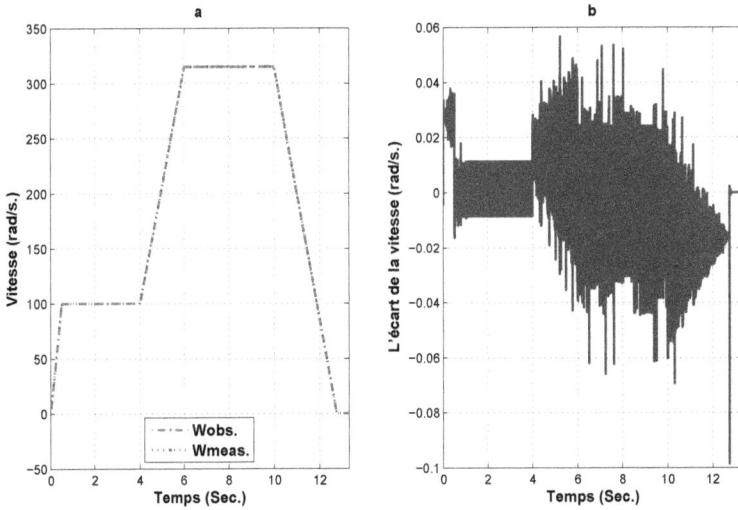

FIGURE 4.7: Variation de $+20\%f_v$: a -vitesse estimée (rad/s)   b -Erreur de la vitesse (rad/s).

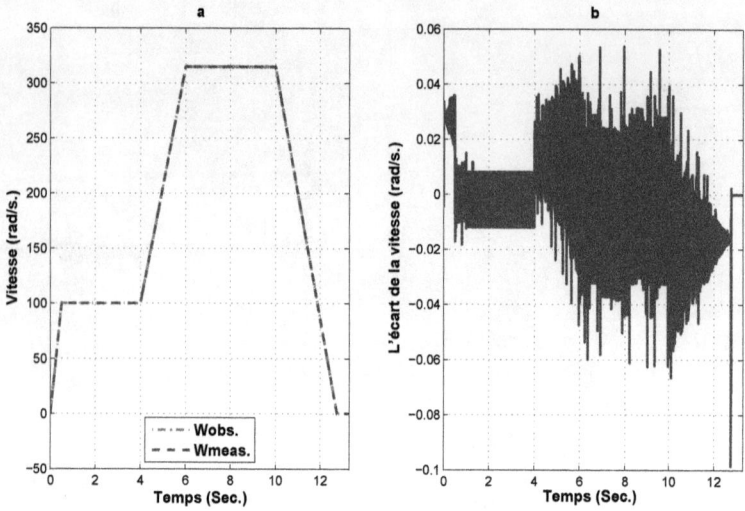

FIGURE 4.8: Variation de $-20\% f_v$: a -vitesse estimée (rad/s)   b -Erreur de la vitesse (rad/s)

4.3 Commande vectorielle de type Backstepping

4.3.1 Introduction

La technique de backstepping a été développée au début des années 90 (Kokotovic, 1992). L'arrivée de la commande par backstepping a donné un nouveau souffle à la commande des systèmes non linéaires, qui malgré les grands progrès réalisés, il manquait des approches générales. Cette technique est une méthode systématique et récursive de synthèse de lois de commande non linéaires qui utilise le principe de stabilité de Lyapunov et qui peut s'appliquer à un grand nombre de systèmes non linéaires.

4.3.2 Principe du Backstepping

L'idée de base de la commande de type Backstepping est de rendre les systèmes bouclés équivalents à des sous-systèmes d'ordre un en cascade stable au sens de Lyapunov, ce qui leur confère des qualités de robustesse et une stabilité globale asymptotique. En d'autres termes, c'est une méthode multi-étapes. A chaque étape du processus, une commande virtuelle est ainsi générée pour assurer la convergence du système vers son état d'équilibre. Cela peut être atteint à partir des fonctions de Lyapunov qui assurent pas à pas la stabilisation de chaque étape de synthèse.

Dans ce qui suit, nous introduisons une commande basée sur la technique de backstepping pour la MSAPPL afin de réaliser une commande sans capteur. L'objectif de cette commande est de permettre d'une part, l'asservissement de vitesse selon la trajectoire de référence définie par le benchmark "Commande sans capteur mécanique" (figure 2.4) et d'autre part de contraindre le courant i_d à 0.

4.3.3 Conception de la commande de type Backstepping

Etape 1 :

Nous définissons l'erreur de poursuite en vitesse :

$$z_1 = \Omega - \Omega_{ref} + K'_\Omega \int_0^t (\Omega - \Omega_{ref}) dt$$
$$= \xi_1 - \alpha_0$$

où Ω_{ref} est la vitesse de référence. La dynamique de cette erreur z_1 est :

$$\dot{z}_1 = \dot{\Omega} - \dot{\Omega}_{ref} + K'_\Omega (\Omega - \Omega_{ref})$$
$$= \dot{\xi}_1 - \dot{\alpha}_0. \tag{4.16}$$

A partir des équations (2.18) et (4.16), nous obtenons :

$$\dot{z}_1 = \frac{p\psi_f}{J}i_q - \frac{f_v}{J}\Omega - \frac{T_l}{J} - \dot{\Omega}_{ref} + K'_{\Omega}(\Omega - \Omega_{ref}). \tag{4.17}$$

Définissant $\xi_2 = \frac{p\psi_f}{J}i_q$ et $\beta_1 = -\frac{f_v}{J}\Omega - \frac{T_l}{J} - \dot{\alpha}_0$.

Alors,

$$\dot{z}_1 = \xi_2 + \beta_1. \tag{4.18}$$

Considérons la fonction candidate de Lyapunov suivante :

$$V_1 = \tfrac{1}{2}z_1^2. \tag{4.19}$$

La dérivée temporelle de cette fonction est :

$$\dot{V}_1 = \dot{z}_1 z_1. \tag{4.20}$$

En prenant

$$z_2 = \xi_2 - \alpha_1, \tag{4.21}$$

avec $\alpha_1 = -w_1 z_1 - \beta_1$ et w_1 est une constante positive.
En considérant les équations (4.18) et (4.21), la dynamique de z_1 devient :

$$\dot{z}_1 = z_2 - w_1 z_1, \tag{4.22}$$

alors,

$$\dot{V}_1 = z_2 z_1 - w_1 z_1^2. \tag{4.23}$$

Etape 2 :

La dérivée temporelle de z_2 donné par :

$$\dot{z}_2 = \frac{p\psi_f}{J}\{-\frac{p\psi_f}{L_s}\Omega - p\Omega i_d - \frac{R_s}{L_s}i_q\} - \dot{\alpha}_1 + Kv_q. \tag{4.24}$$

où $K = \frac{p\psi_f}{JL_s}$.

Pareillement, une nouvelle fonction candidate de Lyapunov est définie comme suit :

$$V_2 = V_1 + \tfrac{1}{2}z_2^2.$$

Sa dérivée temporelle est

$$\dot{V}_2 = \dot{V}_1 + \dot{z}_2 z_2 \tag{4.25}$$

En considérant les équations (4.23) et (4.25), la dynamique de la fonction candidate de Lyapunov V_2 devient

$$\begin{aligned} \dot{V}_2 &= -w_1 z_1^2 - w_2 z_2^2 \\ &< 0. \end{aligned} \tag{4.26}$$

La tension de commande est donnée par :

$$v_q = \frac{1}{K}(-w_2 z_2 - z_1 - \beta_2) \tag{4.27}$$

où $\beta_2 = \frac{p\psi_f}{J}\{-\frac{p\psi_f}{L_s}\Omega - p\Omega i_d - \frac{R_s}{L_s}i_q\} - \dot{\alpha}_1$.

Etape 3 :

Le deuxième objectif est de forcer i_d vers sa référence i_{dref}. D'après la commande vectorielle, cette référence est supposée nulle. A ce stade, nous définissons l'erreur du courant comme suit :

$$\begin{aligned} z_3 &= i_d - i_{dref} + K''_{id}\int_0^t (i_d - i_{dref})dt \\ &= i_d + K''_{id}\int_0^t (i_d)dt. \end{aligned}$$

A l'aide de l'équation (2.18), la dynamique de cette erreur est :

$$\dot{z}_3 = -\frac{R_s}{L_s}i_d + p\Omega i_q + \frac{1}{L_s}v_d + K''_{id}(i_d). \tag{4.28}$$

$$\tag{4.29}$$

Pour assurer la stabilité, une fonction candidate de Lyapunov est définie comme suit :

$$V_3 = V_2 + \frac{1}{2}z_3^2.$$

La dérivée temporelle de cette fonction est donnée par :

$$\begin{aligned} \dot{V}_3 &= \dot{V}_2 + z_3\dot{z}_3, \\ &= -w_1 z_1^2 - w_2 z_2^2 + z_3\{(-\frac{R_s}{L_s} + K''_{id})i_d + p\Omega i_q + \frac{1}{L_s}v_d\}, \\ &= -w_1 z_1^2 - w_2 z_2^2 - w_3 z_3^2 \\ &< 0. \end{aligned} \tag{4.30}$$

avec $-w_3 z_3 = (-\frac{R_s}{L_s} + K''_{id})i_d + p\Omega i_q + \frac{1}{L_s}v_d$ et w_3 est une constante positive.

Cela confirme que V_3 est une fonction de Lyaponuv. Ce qui garantit la convergence asymptotique des erreurs de poursuite de la vitesse ainsi que du courant vers zéro.

La tension pour régler le courant i_d est calculée par

$$v_d = L_s \left(-w_3 i_d + (\frac{R_s}{L_s} - K''_{id}) i_d - p\Omega i_q \right).$$

(4.31)

Remarque 12 *Fournie par la mesure de la position et la vitesse, cette commande a été testée expérimentalement sur le benchmark de la "Commande sans capteur mécanique". Pour de plus amples détails voir Annexe C.*

Pour accomplir la commande sans capteur mécanique pour la MSAPPL, la commande de type backstepping sera utilisée avec deux observateurs différents. Dans un premier temps, la commande sera associée à l'observateur super twisting (3.20). La commande sera ensuite liée à l'observateur adaptatif interconnecté (3.44 et 3.45). Les deux observateurs sont présentés préalablement au chapitre 3.

4.3.4   Résultats de simulation

Les résultats de simulation sont obtenus selon le benchmark "Commande Sans Capteur Mécanique" (Fig.2.4). Les différents tests sont effectués sur une machine synchrone à aimants permanent à pôles lisses dont les caractéristiques sont données par le tableau (3.1). Des variations paramétriques sur l'observateur et la commande par rapport aux valeurs nominales sont effectuées pour réaliser des essais de robustesse de la commande backstepping.

La commande associée à l'observateur super twisting

Sachant que cette famille d'observateur converge en temps fini, ceci nous permet d'élaborer l'observateur et la commande séparément, si cette dernière n'est appliquée qu'après la convergence de l'observateur.

Satisfaisant les conditions (3.22), les paramètres de l'observateur super twisting sont choisis comme suit :
$\alpha_{1,1} = 100$, $\alpha_{1,2} = 100$, $\alpha_{2,1} = 2000$ et $\alpha_{2,2} = 2000$.

Les paramètres de la commande sont choisis de la manière suivante :
$w_1 = 1000$, $w_2 = 1000$ et $w_3 = 1500$. Pour cela, il est à noter que w_1, w_2 caractérisent les réponse en BF des dynamiques mécaniques alors que w_3 caractérise celles électriques.

Les figures (4.27) et (4.11) montrent les résultats de simulation obtenus en utilisant les paramètres nominaux. La vitesse estimée ainsi que celle mesurée sont montrées par la figure (4.27-a) tandis que la figure (4.27-b) illustre l'écart correspondant. Nous constatons que la vitesse estimée converge vers la vitesse mesurée. Néanmoins, il existe un petit écart statique à vitesse nominale.

Des tests de robustesse sur l'ensemble "observateur+commande" sont effectués. Ces tests sont réalisés en terme de variations paramétriques dans les algorithmes de l'observateur et la commande par rapport aux valeurs nominales. Nous varions donc la résistance statorique R_s de $+50\%$ puis de -50%. Ces cas sont présentés par les figures (4.12) et (4.13). respectivement.

Un second test de robustesse, a été effectué pour des variation de $+20\%$ et de -20% sur la valeur nominale de l'inductance statorique L_s dans les paramètres de l'ensemble "observateur+commande" (figures 4.31 et 4.32). Ces résultats confirment la robustesse de la commande non linéaire de type backstepping.

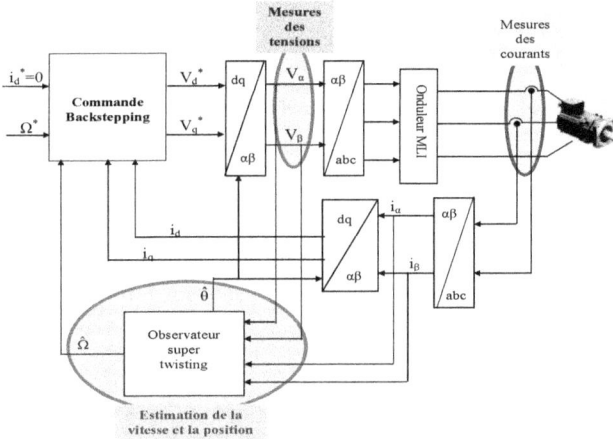

FIGURE 4.9: Schéma de l'ensemble "observateur super twisting+commande backstepping"

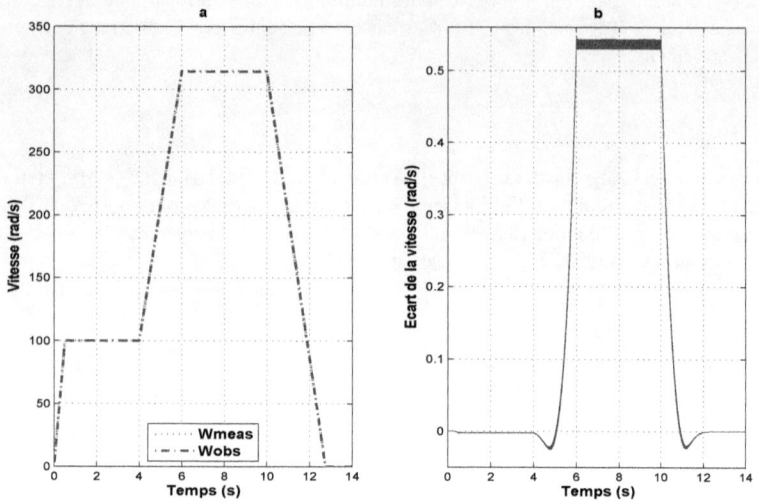

FIGURE 4.10: Cas nominal : a- Vitesse (rad/s)   b- Erreur de la vitesse (rad/s).

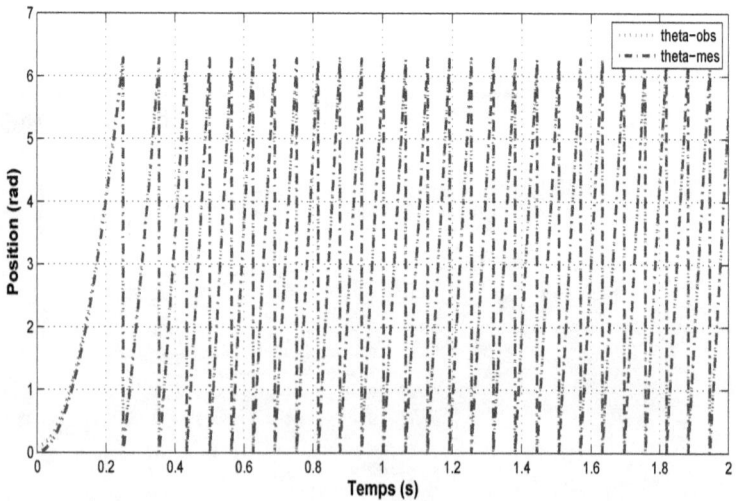

FIGURE 4.11: Cas nominal : estimation de la position.

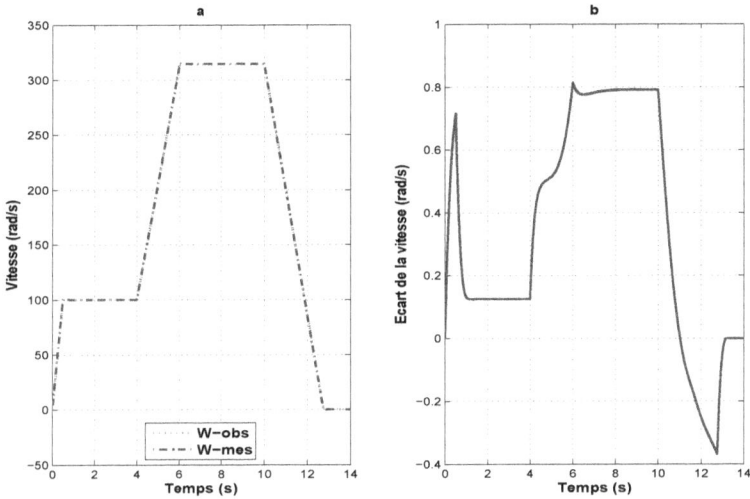

FIGURE 4.12: Variation de $+50\%R_s$: a- Vitesse (rad/s)   b- Erreur de la vitesse (rad/s)

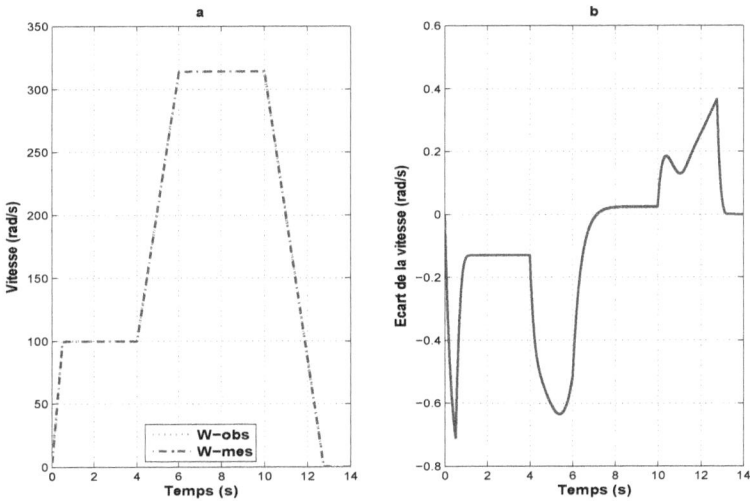

FIGURE 4.13: Variation de $-50\%R_s$: a- Vitesse (rad/s)   b- Erreur de la vitesse (rad/s)

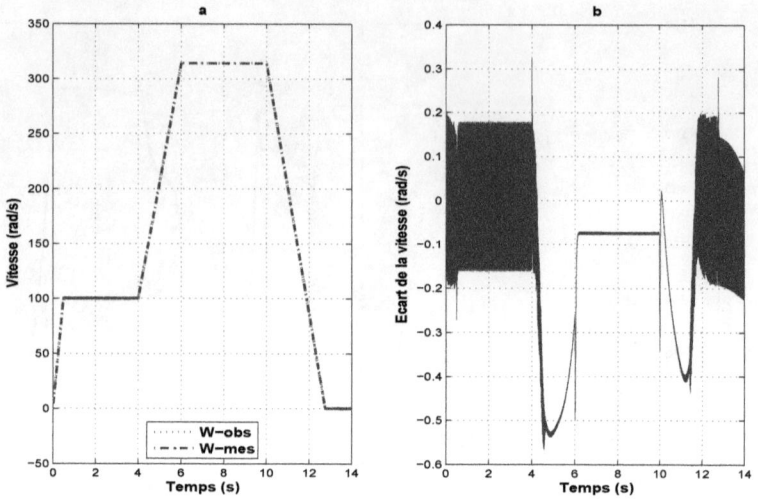

FIGURE 4.14: Variation de $+20\%L_s$: a- Vitesse (rad/s)   b- Erreur de la vitesse (rad/s)

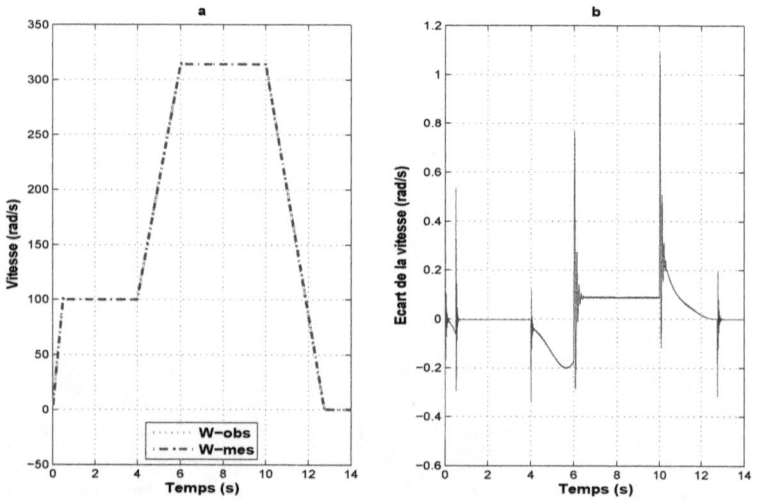

FIGURE 4.15: Variation de $-20\%L_s$: a- Vitesse (rad/s)   b- Erreur de la vitesse (rad/s)

La commande associée à l'observateur adaptatif interconnecté

Avant de donner les résultats de simulation, la stabilité de l'ensemble (observateur adaptatif interconnecté + commande backstepping) sera analysée.

4.4 Analyse de la stabilité en boucle fermée : "Observateur Adaptatif+Commande"

Afin de prouver la stabilité de l'ensemble (observateur+commande) en boucle fermée, la vitesse, le courant i_d ainsi que le couple de charge sont remplacés, dans la loi de commande, par leur valeurs estimées via l'observateur adaptatif interconnecté (3.44 et 3.45).

Considérons la fonction candidate de Lyapunov suivante :

$$
\begin{aligned}
V_{oc} &= V_o + V_c \\
&= \epsilon_1^T S_1 \epsilon_1 + \epsilon_2^T S_x \epsilon_2 + \epsilon_3^T S_\theta \epsilon_3 + \tfrac{1}{2}z_1^2 + \tfrac{1}{2}z_2^2 + \tfrac{1}{2}z_3^2
\end{aligned}
\tag{4.32}
$$

$V_o = \epsilon_1^T S_1 \epsilon_1 + \epsilon_2^T S_x \epsilon_2 + \epsilon_3^T S_\theta \epsilon_3$ et $V_c = \tfrac{1}{2}z_1^2 + \tfrac{1}{2}z_2^2 + \tfrac{1}{2}z_3^2$ sont des fonctions de Lyapunov associées respectivement à l'observateur adaptatif interconnecté définie au chapitre 3 et à la commande de type backstepping définie ci-dessus. De l'inégalité (3.65), nous avons trouvé que $\dot{V}_o \leq -\delta V_o + \mu\psi\sqrt{V_o}$. La dérivée temporelle de V_{oc} (4.32) peut être écrite comme suit :

$$
\begin{aligned}
\dot{V}_{oc} \leq\ & -\delta V_o + \mu\psi\sqrt{V_o} \\
& -w_1 z_1^2 - w_2 z_2^2 - w_3 z_3^2 \\
& -\tfrac{p\psi_f}{J} z_1 C_1 \epsilon_1 + \tfrac{f_v}{J} z_1 B_1 \epsilon_2 + \tfrac{z_1}{J}\epsilon_3,
\end{aligned}
\tag{4.33}
$$

avec $B_1 = [0\ 1]$.
Considérons les inégalités suivantes :

$$
\begin{aligned}
\|z_1\|\,\|\epsilon_1\|_{S_{\rho 11}} &\leq \tfrac{\xi_1}{2}\|\epsilon_1\|_{S_{\rho 11}}^2 + \tfrac{1}{2\xi_1}\|z_1\|^2 \\
\|z_1\|\,\|\epsilon_2\|_{S_{\rho x}} &\leq \tfrac{\xi_2}{2}\|\epsilon_2\|_{S_{\rho x}}^2 + \tfrac{1}{2\xi_2}\|z_1\|^2 \\
\|z_1\|\,\|\epsilon_3\|_{S_{\rho \theta}} &\leq \tfrac{\xi_3}{2}\|\epsilon_2\|_{S_{\rho \theta}}^2 + \tfrac{1}{2\xi_3}\|z_1\|^2 .
\end{aligned}
\tag{4.34}
$$

A partir des équations (4.34) et (4.33), en regroupant les différents termes correspondants à ($\|\epsilon_1\|, \|\epsilon_2\|, \|\epsilon_3\|\ \|z_1\|, \|z_2\|$) et $\|z_3\|$)

$$
\begin{aligned}
\dot{V}_{oc} \leq\ & -\delta V_o + \mu\psi\sqrt{V_o} \\
& -\vartheta_1\|\epsilon_1\|_{S_{\rho 11}}^2 - \vartheta_2\|\epsilon_2\|_{S_{\rho x}}^2 - \vartheta_3\|\epsilon_3\|_{S_{\rho \theta}}^2 \\
& -\vartheta_4(\|z_1\|^2) - \vartheta_5(\|z_2\|^2) - \vartheta_6(\|z_3\|^2)
\end{aligned}
\tag{4.35}
$$

où $\vartheta_1 = (\tfrac{p\psi_f}{J})\tfrac{\xi_1}{2}$, $\quad \vartheta_2 = (\tfrac{-f_v}{J})\tfrac{\xi_2}{2}$, $\quad \vartheta_3 = \tfrac{-\xi_3}{2J}$,
$\vartheta_4 = w_1 + \tfrac{p\psi_f}{2J\xi_1} - \tfrac{f_v}{2J\xi_2} - \tfrac{1}{2J\xi_3}$, $\quad \vartheta_5 = w_2$, $\quad \vartheta_6 = w_3$.
Les paramètres δ, w_1, w_2 et w_3 sont choisis tel que ϑ_4, ϑ_5 et ϑ_6 sont des constantes positives. En prenant $\vartheta = min(\vartheta_1, \vartheta_2, \vartheta_3)$, et $\vartheta' = min(\vartheta_4, \vartheta_5, \vartheta_6)$, alors l'inégalité (4.35) devient :

$$
\begin{aligned}
\dot{V}_{oc} \leq\ & -(\delta + \vartheta)V_o + \mu\psi\sqrt{V_o} \\
& -\vartheta'(\|z_1\|^2 + \|z_2\|^2 + \|z_3\|^2)
\end{aligned}
\tag{4.36}
$$

où

$$\dot{V}_{oc} \leq -\eta V_{oc} + \mu\psi\sqrt{V_{oc}}, \tag{4.37}$$

avec $\eta = min(\delta + \vartheta, \vartheta')$. Soit le changement de variable suivant $v_{oc} = 2\sqrt{V_{oc}}$. La dérivée temporelle de v_{oc} satisfait l'inégalité suivante :

$$\dot{v}_{oc} \leq -\eta v_{oc} + \psi\mu. \tag{4.38}$$

De l'équation (4.38) et le **théorème** 1, nous obtenons $\wp(t, l) = -\eta l + \psi\mu$:

$$\dot{l} = \wp(t, l), \quad l(t_0) = l_0 \geq 0. \tag{4.39}$$

L'ensemble des solutions de (4.39) est :

$$v_{oc} = v_{oc}(t_0)e^{-\eta(t-t_0)} + \frac{\psi\mu}{\eta}(1 - e^{-\eta(t-t_0)}). \tag{4.40}$$

Pareillement, en utilisant la même méthode que la preuve du **théorème** 2, nous prouvons que (4.39) est pratiquement uniformément fortement stable (voir **Corollaire** 1). Ainsi, les dynamiques des erreurs du système en boucle fermée sont pratiquement fortement uniformément stables dans la boule $B_{\hbar_{oc}}$ de rayon $\hbar_{oc}$ défini $\hbar_{oc} = \frac{\psi\mu}{\eta}$.

Résultats de simulation : la commande associée à l'observateur adaptatif interconnecté

Les paramètres de l'observateur adaptatif interconnecté sont choisis de manière à satisfaire les conditions de convergence (3.64) en utilisant la méthode présentée (Traore, 2008) : $\varpi = 80$, $k = 0.05$, $k_{c1} = 0.001$, $k_{c2} = 0.1$, $\rho_1 = 2500$, $\rho_x = 6000$ et $\rho_\theta = 100$.

Les paramètres de la commande sont choisis de la manière suivante :
$w_1 = 1000$, $w_2 = 1000$ et $w_3 = 1500$. Pour cela, il est à noter que w_1, w_2 caractérisent les réponse en BF des dynamiques mécaniques alors que w_3 caractérise celles électriques.

Le schéma global de test est donné par la figure (4.16). Contrairement aux autres observateurs conçus au chapitre précédent, l'observateur adaptatif interconnecté permet d'estimer le couple de charge ainsi que la valeur de la résistance statorique. Les figures (4.17), (4.18), (4.19) et (4.20) dépeignent les résultats obtenus dans la cas nominal. La figure (4.17-a) illustre la vitesse estimée et celle mesurée tandis que la figure (4.17-b) montre l'erreur d'estimation de la vitesse. Nous remarquons que la vitesse estimée suit bien sa référence avec une bonne dynamique et précision. Également, nous constatons les bonnes estimations de la résistance et du couple de charge exposées par les figures (4.19) et (4.20) respectivement.

Concernant la robustesse, des essais ont été effectués avec des variations sur la valeur de la résistance statorique de +50% et puis de −50% par rapport sa valeur nominale. Les figures (4.21), (4.22) et (4.23) montrent les résultats lors d'une variation de +50% sur la valeur de la résistance statorique. Ces résultats sont globalement similaires à ceux obtenus avec les paramètres nominaux.

Un second test de robustesse, a été réalisé pour une variation de -50% sur la valeur de la résistance statorique. Les estimations de la vitesse , de la résistance et du couple de charge sont exposées dans les figures (4.24), (4.25) et (4.26) respectivement. Ces résultats sont similaires à ceux obtenus lors d'une variation $+50\%$ sur la résistance statorique.

De ces essais, il en résulte que le système en boucle fermée répond de façon satisfaisante en termes de suivi de trajectoire, rejet de perturbation et est assez robuste vis-à-vis des variations paramétriques.

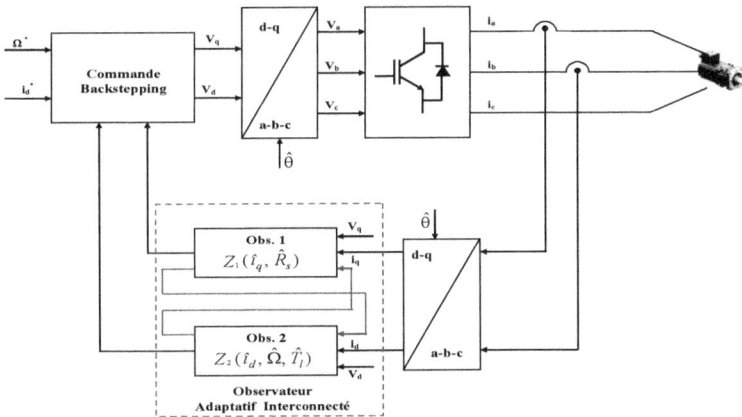

FIGURE 4.16: Schéma de l'ensemble "observateur adaptatif interconnecté+commande backstepping"

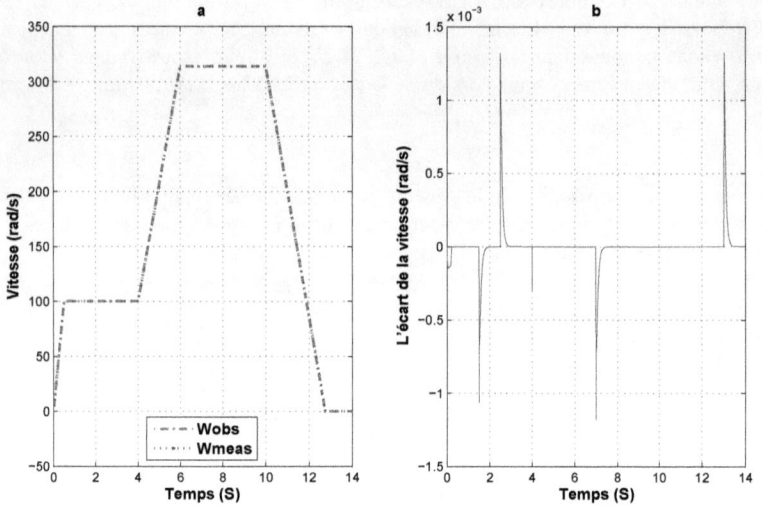

FIGURE 4.17: Cas nominal : estimation de la vitesse.

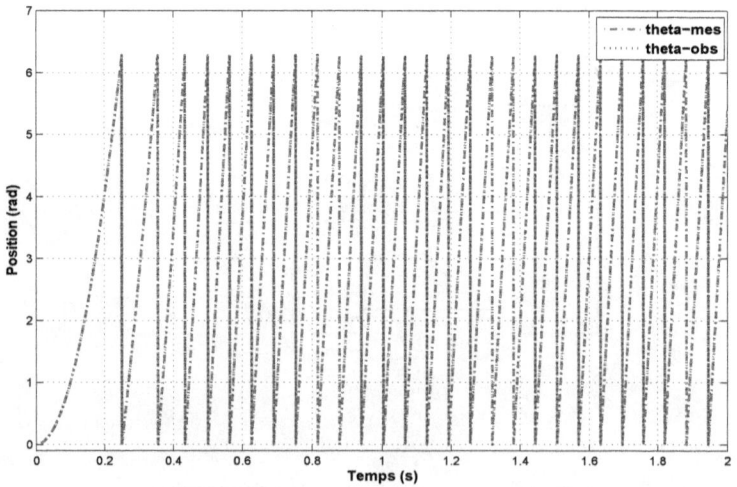

FIGURE 4.18: Cas nominal : estimation de la position.

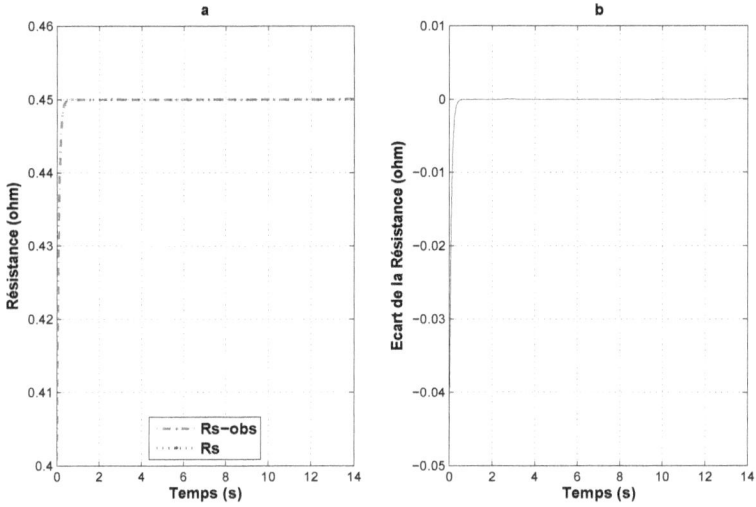

FIGURE 4.19: Cas nominal : estimation de R_s.

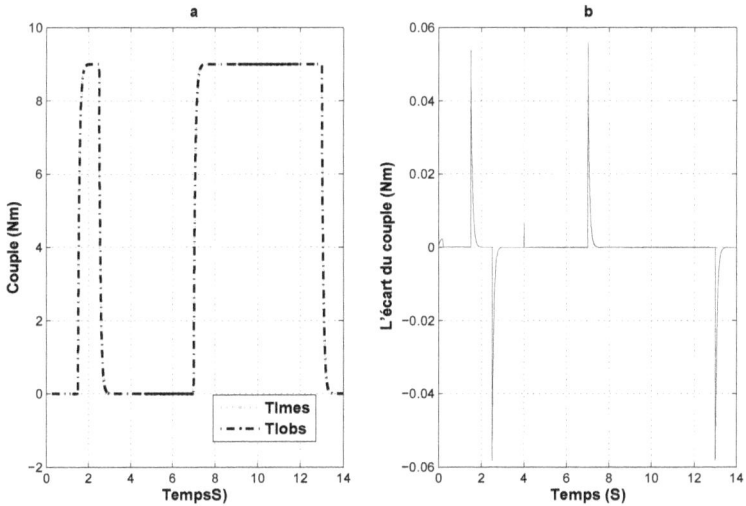

FIGURE 4.20: Cas nominal : estimation du couple de charge T_l.

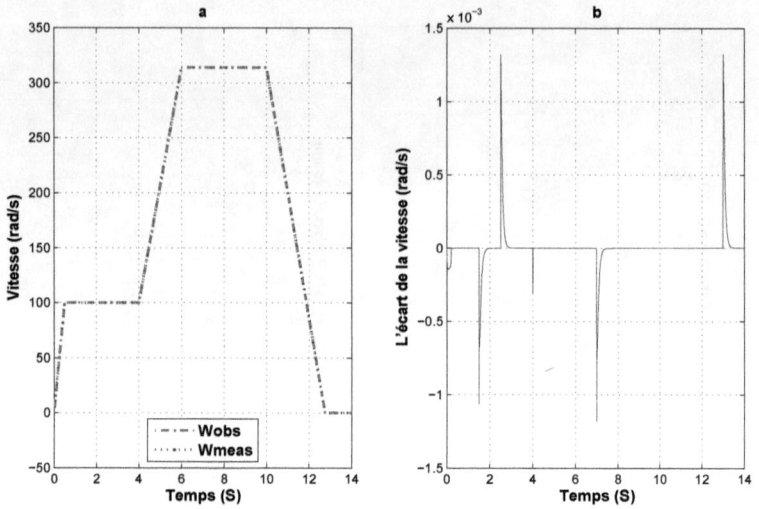

FIGURE 4.21: $+50\%R_s$: estimation de la vitesse.

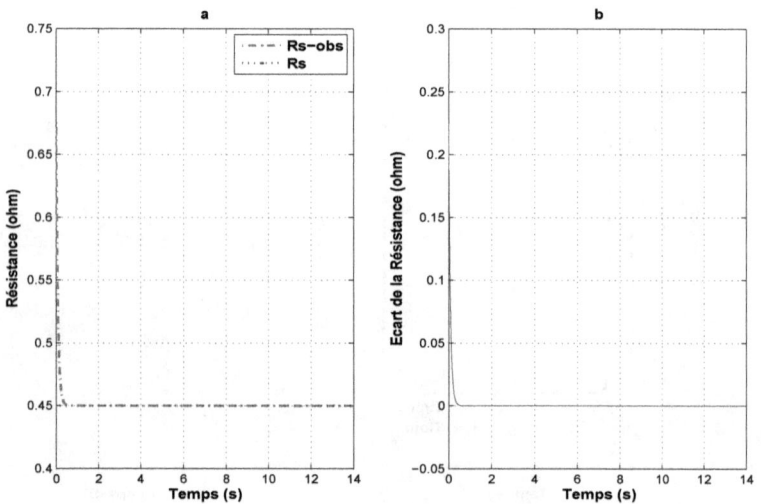

FIGURE 4.22: $+50\%R_s$: estimation de R_s.

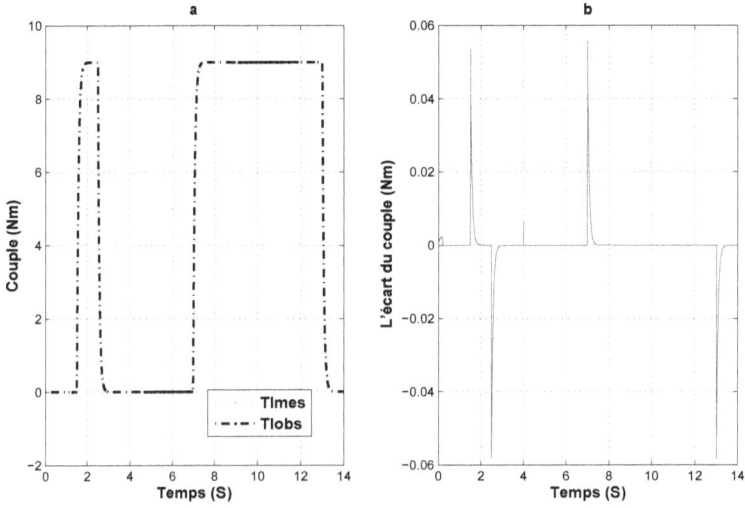

FIGURE 4.23: $+50\%R_s$: estimation du couple de charge T_l.

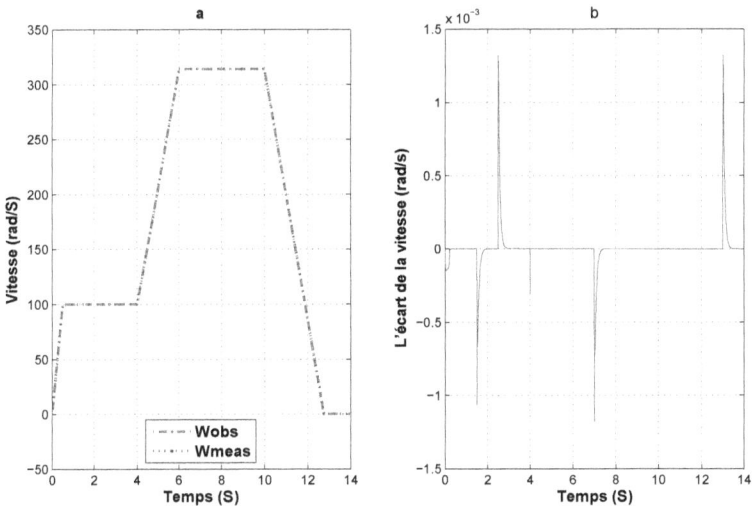

FIGURE 4.24: $-50\%R_s$: estimation de la vitesse.

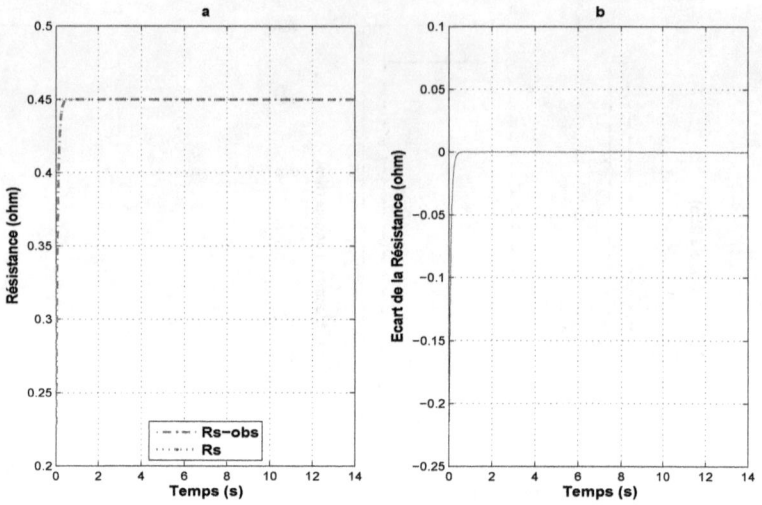

FIGURE 4.25: $-50\%R_s$: estimation de R_s.

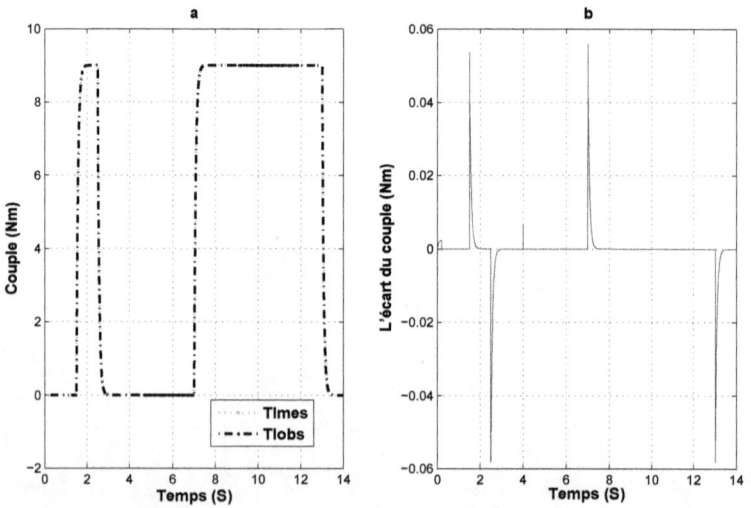

FIGURE 4.26: $-50\%R_s$: estimation du couple de charge T_l.

4.5 Commande par modes glissants d'ordre supérieur de type homogène

4.5.1 Introduction

La commande par modes glissants d'ordre supérieur quasi-continue a été récemment développée par (Levant, 2005a) selon le principe de l'homogénéité (Levant, 2005). Ce type de commande appartient à la théorie des systèmes à structure variable. Elle assure la stabilisation à zéro en temps fini.

Les avantages de cette commande sont :
- la convergence en temps fini,

- l'annulation de chattering pour des degrés relatifs $r > 1$,

- la robustesse vis-à-vis des incertitudes paramétriques et des perturbations.

Nous introduisons quelques préliminaires afin de concevoir une commande de mode glissant d'ordre supérieur de type homogène pour la MSAP.

Considérons un système non linéaire incertain :

$$\begin{aligned} \dot{x} &= f(t,x) + g(t,x)u \\ y &= \sigma(t,x) \end{aligned} \qquad (4.41)$$

où $x \in \Re^n$ est l'état, n est aussi incertaine et $u \in \Re$ est l'entrée de commande. $\sigma : \Re^{n+1} \to \Re$ est une fonction incertaine lisse de sortie. Egalement, $f(t,x)$ et $g(t,x)$ sont des fonctions incertaines lisses.

L'objectif est de déterminer une commande qui contraint $\sigma(t,x)$ et ses $r-1$ premières dérivées à zéro en temps fini.
Supposons que :

Hypothèse 4
Le degré relatif r du système (4.41) par rapport σ est supposé connu et constant.

Définition 8 *(Levant, 2005a)*
Considérons le système non linéaire (4.41), bouclé par une commande discontinue. Alors, si[1] $\sigma, \dot{\sigma}, \cdots, \sigma^{(r-1)}$ sont des fonctions continues, l'ensemble

$$\sigma = \sigma(x,t) = \dot{\sigma}(x,t) = \cdots = \sigma^{(r-1)}(x,t) = 0,$$

appelé ensemble glissant d'ordre "r", est non vide et est localement un ensemble intégral dans le sens de Filippov (Filippov, 1988); les trajectoires sur σ^r sont appelées "mode glissant d'ordre r" par rapport à la variable de glissement "σ".

---

1. $\sigma(\cdot)^{(k)}$ $(k \in I\!N)$ notent la k^{ieme} dérivée temporelle de la fonction $\sigma(\cdot)$. Cette notation sera aussi utilisée pour tout autre fonction.

D'après (Levant, 2005a), il existe le vecteur $F(t,x)$ et la matrice $G(t,x)$ tels que :

$$\sigma^{(r)} = F(t,x) + G(t,x)u \tag{4.42}$$

où $F(t,x) = \sigma^{(r)}|_{u=0}$, $G(t,x) = \frac{\partial \sigma^{(r)}}{\partial u}| \neq 0$.

Hypothèse 5
L'équation (B.2) est supposée admettre des solutions au sens de Filippov (Filippov, 1988) sur l'ensemble de glissement σ^r et les trajectoires du système sont supposées extensibles infiniment en temps pour toute entrée bornée mesurable (Levant, 1993).

Hypothèse 6
Les fonctions $F(t,x)$ et $G(t,x)$ sont des fonctions incertaines bornées et, sans perte de généralité, supposons que le signe du terme $G(t,x)$ soit constant et strictement positif. Alors, il existe $K_m \in \mathbb{R}^{+*}$, $K_M \in \mathbb{R}^{+*}$, $C_0 \in \mathbb{R}^+$ tels que

$$0 < K_m \leq \frac{\partial \sigma^{(r)}}{\partial u} \leq K_M, \qquad \sigma^{(r)}|_{u=0} \leq C. \tag{4.43}$$

Pour $x \in \mathbf{X} \subset \mathbb{R}^n$, $\mathbf{X}$ étant un ouvert borné de $\mathbb{R}^n$ dans lequel sont les trajectoires du système. De plus l'entrée de commande u est bornée.

La commande par modes glissants est une fonction continue de $\sigma, \dot{\sigma}, ..., \sigma^{(r-1)}$, sauf sur les surfaces de modes glissants d'ordre r défini par $\sigma = \dot{\sigma} = ... = \sigma^{(r-1)} = 0$.

La stabilisation finie du système (4.41) à l'origine établie dans la suite, a été prouvée par (Levant, 2005) :

Theorem 2. Supposons que les constantes β_1, β_2, ..., β_{r-1} et α soient positives. Elle sont choisies assez grandes dans l'ordre lexicographique, alors la commande est définie par :

$$u = \Psi_{r-1,r}(\sigma, \dot{\sigma}, ..., \sigma^{(r-1)}) \tag{4.44}$$

C'est une commande homogène d'ordre r qui assure la stabilité de (4.41) et (4.44) en temps fini, où
$\varphi_{0,r} = \sigma$, $N_{0,r} = |\sigma|$, $\Psi_{0,r} = \varphi_{0,r}/N_{0,r} = sign(\sigma)$.

$$\varphi_{i,r} = \sigma^{(i)} + \beta_i N_{(i-1,r)}^{(r-i)/(r-i+1)} \Psi_{i-1,r}$$

$$N_{i,r} = |\sigma^{(i)}| + \beta_i N_{(i-1,r)}^{(r-i)/(r-i+1)} \Psi_{i-1,r}$$

$$\Psi_{i,r} = \varphi_{i,r}/N_{i,r}.$$

De plus, $N_{i,r}$ est une valeur positive, ($N_{i,r} = 0$ si $\sigma = \dot{\sigma} = ... = \sigma^{(r-1)} = 0$). L'inégalité $|\Psi_{r-1,r}(\sigma, \dot{\sigma}, ..., \sigma^{(r-1)})| \leq 1$ est vérifiée quand $N_{i,r} > 0$ pour $i = 1, ..., r-1$.

La fonction $\Psi_{r-1,r}(\sigma, \dot{\sigma}, ..., \sigma^{(r-1)})$ est continue partout sauf sur le point où $\sigma = \dot{\sigma} = ... = \sigma^{(r-1)} = 0$.

La stabilité, en temps fini, du mode glissant d'ordre r est établie dans le système (4.41)-(4.44).

Le choix des paramètres $\beta_1, \beta_2, ..., \beta_{r-1}, \alpha > 0$ détermine une famille de commande valable pour les systèmes (4.41) de degré relatif r. Le paramètre α est choisi spécifiquement pour toute les valeurs fixes K_m, K_M, C.
La commande (4.44) pour $r = 1$ et $r = 2$ est choisie comme suit :

$$
\begin{aligned}
r &= 1 : u = -\alpha sign(\sigma) \\
r &= 2 : u = -\alpha \frac{\{\dot{\sigma} + |\sigma|^{\frac{1}{2}} sign(\sigma)\}}{|\dot{\sigma}| + |\sigma|^{\frac{1}{2}}}
\end{aligned} \tag{4.45}
$$

4.5.2 Application de la commande à la MSAP

Nous synthétisons une commande par modes glissants d'ordre supérieur de type homogène qui garantit une performance robuste vis-à-vis des incertitudes paramétriques et des perturbations. La stratégie de cette commande a été brièvement présentée dans la section au-dessus. Les objectifs de cette commande sont : de permettre à la vitesse (Ω) de la MSAP de suivre sa trajectoire de référence définie par le benchmark "Commande sans capteur mécanique" (Figure 2.4) et de contraindre le courant direct i_d à zéro.

Soient σ_1 et σ_2 les variables de glissement définies par :

$$
\begin{aligned}
\sigma_1 &= \Omega - \Omega^* \\
\sigma_2 &= i_d - i_d^*
\end{aligned} \tag{4.46}
$$

De l'équation (2.18), le degré relatif de σ_1 et de σ_2 par rapport à l'entrée u est égal à deux ($r_1 = 2$) et un ($r_2 = 1$) respectivement.

De l'équation (2.18), les dérivées seconde et première des variables de glissement sont données par :

$$
\begin{bmatrix} \ddot{\sigma}_1 \\ \dot{\sigma}_2 \end{bmatrix} = \begin{bmatrix} \xi_1 \\ \xi_2 \end{bmatrix} + \phi \begin{bmatrix} u_d \\ u_q \end{bmatrix} \tag{4.47}
$$

avec

$$
\begin{aligned}
\xi_1 &= \frac{p\psi_f}{J}\{-\frac{p\psi_f}{L_s}\Omega - p\Omega i_d - \frac{R_s}{L_s}i_q\} - \frac{f_v}{J}\{\frac{p\psi_f}{J}i_q - \frac{f_v}{J}\Omega\} - \ddot{\Omega}^* \\
\xi_2 &= -\frac{R_s}{L_s}i_d + p\Omega i_q
\end{aligned} \tag{4.48}
$$

$$
\phi = \begin{bmatrix} 0 & \phi_{12} \\ \phi_{21} & 0 \end{bmatrix} = \begin{bmatrix} 0 & \frac{p\psi_f}{JL_s} \\ \frac{1}{L_s} & 0 \end{bmatrix} \tag{4.49}
$$

Sachant que les paramètres de la MSAP varient par rapport à leurs valeurs nominales. Les valeurs de ξ_1, ξ_2 et ϕ dépendent donc des valeurs nominales et des incertitudes des paramètres. ces différentes variations ont été formalisées de la manière suivante :

$$\begin{aligned}
\xi_1 &= \xi_{10} + \Delta\xi_1 \\
\xi_2 &= \xi_{20} + \Delta\xi_2 \\
\phi &= \phi_0 + \Delta\phi
\end{aligned} \tag{4.50}$$

avec ξ_{10}, ξ_{20} et ϕ_0 les valeurs nominales bien connues et $\Delta\xi_1$, $\Delta\xi_2$ et $\Delta\phi$ l'ensemble des incertitudes dues aux variations paramétriques et aux perturbations. Supposons que ces incertitudes soient bornées.

Remarque 13 *Ces incertitudes agissent comme des perturbations additives du système nominal qui ne satisfont pas la "matching condition" mais qui sont différentiables.*

La loi de commande u définie à partir des valeurs nominales ξ_{10}, ξ_{20} et ϕ_0 qui sont les grandeurs xi_1, xi_2 et ϕ sans incertitude et appliquée à la MSAP

$$\begin{bmatrix} u_d \\ u_q \end{bmatrix} = \phi_0^{-1} \left[- \begin{bmatrix} \xi_{10} \\ \xi_{20} \end{bmatrix} + \begin{bmatrix} u_1 \\ u_2 \end{bmatrix} \right]. \tag{4.51}$$

La matrice ϕ_0 est inversible. u_1 et u_2 sont les "nouvelles" commandes. Contrairement à la commande par modes glissants classique, ces nouvelles commandes sont des commandes quasi-continues. D'après (Levant, 2005a), elles sont calculées de la manière suivante :

$$\begin{bmatrix} u_1 \\ u_2 \end{bmatrix} = \begin{bmatrix} -\alpha_2.\text{sign}(\sigma_2) \\ -\alpha_1.\dfrac{\{\dot{\sigma}_1 + |\sigma_1|^{\frac{1}{2}} sign(\sigma_1)\}}{|\dot{\sigma}_1| + |\sigma_1|^{\frac{1}{2}}} \end{bmatrix} \tag{4.52}$$

Où α_1 et α_2 sont des constantes positives. $\dot{\sigma}_1$ est la première dérivée de σ_1 représentée par :

$$\dot{\sigma}_1 = \frac{p\psi_f}{J} i_q - \frac{f_v}{J}\Omega - \dot{\Omega}^*$$

4.6   Résultats de simulation

Afin d'évaluer l'ensemble de la commande et l'observateur super twisting, nous avons réalisé des essais selon le benchmark "Commande Sans Capteur Mécanique" (Fig.2.4). Les différents tests sont effectués sur une machine synchrone à aimants permanent à pôles lisses dont les caractéristiques sont données par le tableau (3.1). Des variations paramétriques sur l'observateur et la commande par rapport aux valeurs nominales sont effectuées pour réaliser des essais de robustesse de la commande de mode glissant d'ordre supérieur de type homogène.

La commande associée à l'observateur super twisting

Remarque 14 *Puisque cet observateur converge en temps fini, il nous suffit d'appliquer la commande avec l'état estimé après que l'observateur ait convergé.*

Satisfaisant les conditions (3.22), les paramètres de l'observateur super twisting sont choisis comme suit :
$\alpha_{1,1,} = 10$, $\alpha_{1,2} = 10$, $\alpha_{2,1} = 500$ et $\alpha_{2,2} = 500$.

Les paramètres de la commande sont choisis de la manière suivante :
$\alpha_1 = 9 * 10^4$ et $\alpha_2 = 3 * 10^3$.

Pour le cas nominal, les essais correspondants sont montrés sur la figure (4.27).

Des tests de robustesse sur l'ensemble "observateur+commande" sont effectués. Ces tests sont réalisés en terme de variations paramétriques dans les algorithmes d'observateur et de commande par rapport aux valeurs nominales. Nous varions donc la résistance statorique R_s de +50% puis de −50%. Ces cas sont présentés par les figures (4.29) et (4.30) respectivement.

Pour continuer, un second test de robustesse a été réalisé pour une variation de +20% et de −20% sur la valeur nominale de l'inductance statorique Ls dans les paramètres de l'ensemble "observateur+commande" (figures 4.31 et 4.32).

De plus, une variation de +50% sur la valeur de l'inertie totale est présentée par la figure (4.33).

Ces résultats confirment la robustesse de la commande non linéaire de mode glissant d'ordre supérieur de type homogène.

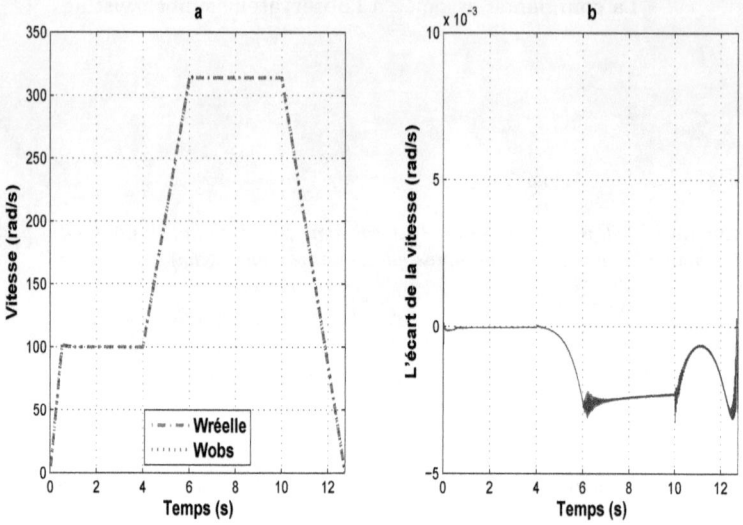

FIGURE 4.27: Cas nominal : a- Vitesse b- Erreur de la vitesse

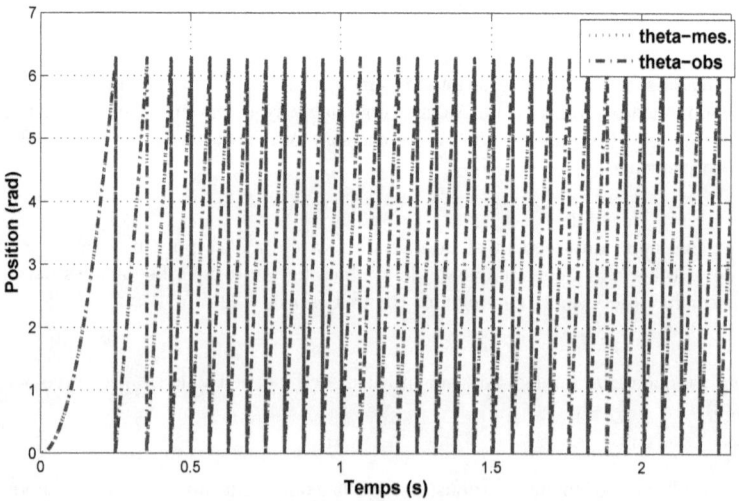

FIGURE 4.28: Cas nominal : estimation de la position.

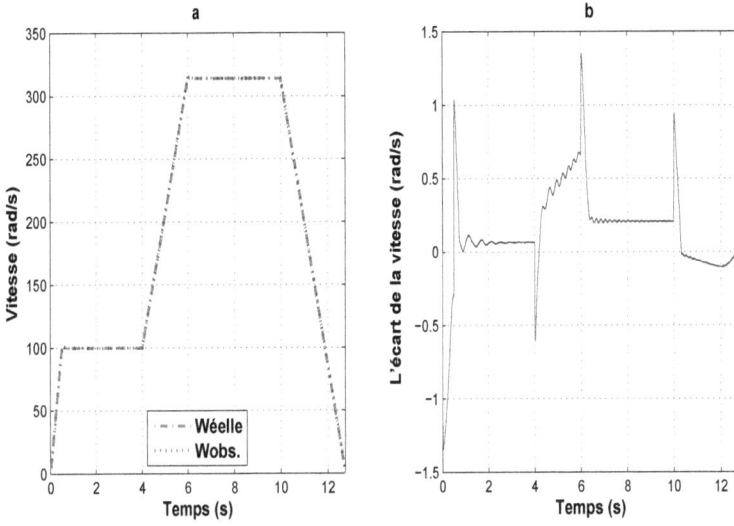

FIGURE 4.29: Variation de $+50\%R_s$: a- Vitesse b- Erreur de la vitesse

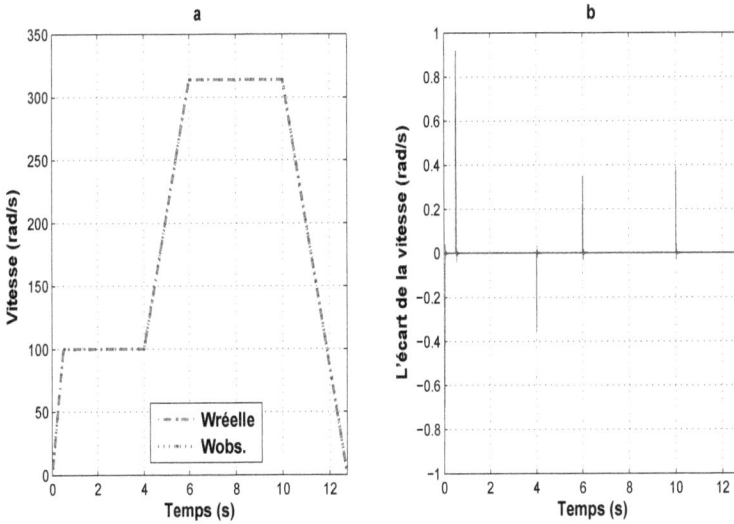

FIGURE 4.30: Variation de $-50\%R_s$: a- Vitesse b- Erreur de la vitesse

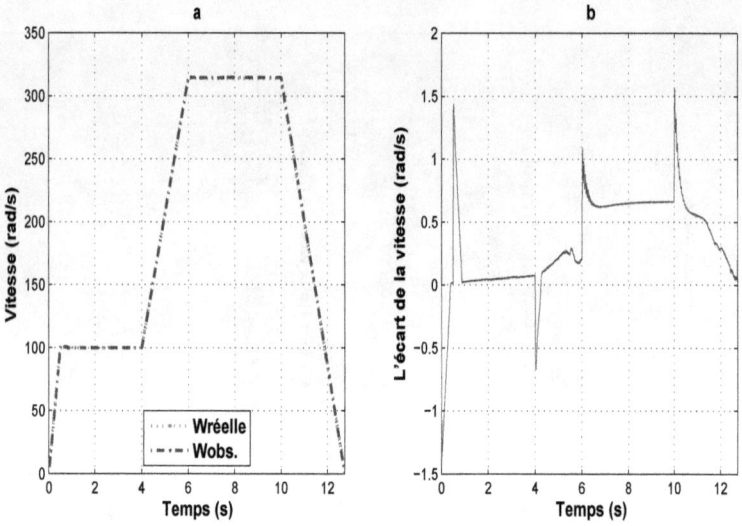

FIGURE 4.31: Variation de $+20\%L_s$: a- Vitesse b- Erreur de la vitesse

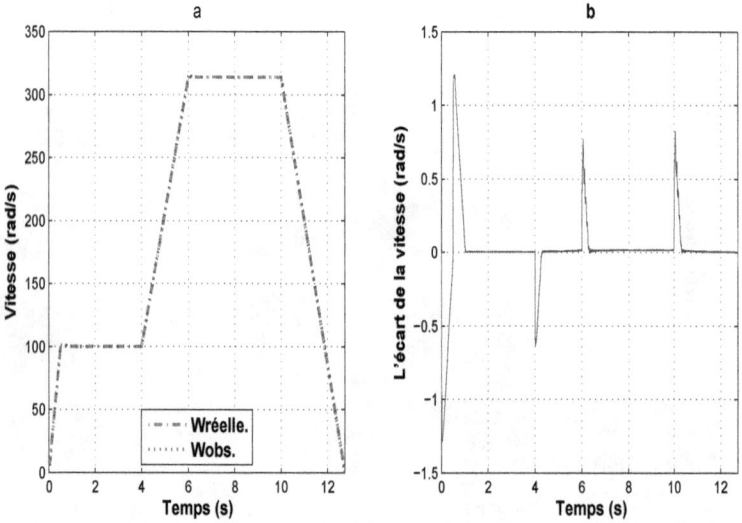

FIGURE 4.32: Variation de $-20\%L_s$: a- Vitesse b- Erreur de la vitesse

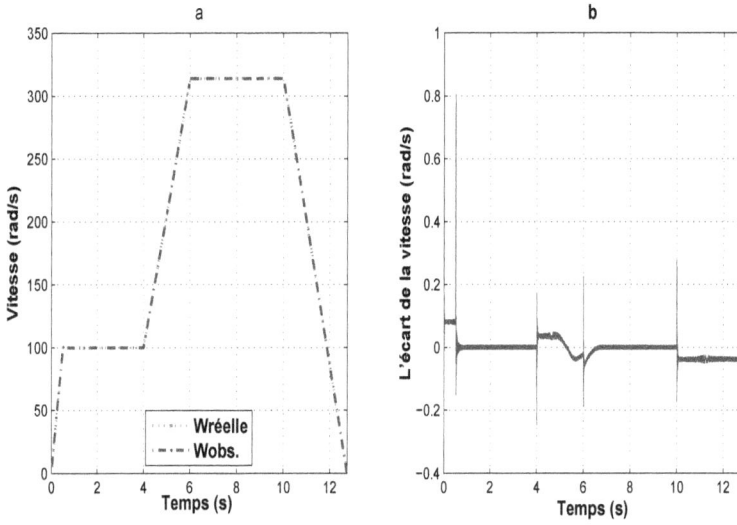

FIGURE 4.33: Variation de $+50\%J$: a- Vitesse b- Erreur de la vitesse

4.7   Conclusion

Dans ce chapitre, sont présentées différentes lois de commande non linéaire sans capteur mécanique de la machine synchrone à aimants permanents à pôles lisses. Premièrement, une commande par modes glissant d'ordre supérieur à trajectoires pré-calculées est présentée. L'analyse détaillée de sa convergence est montrée. Cette commande est associée à deux observateurs différents : d'abord, l'observateur basé sur le modèle complet et ensuite, l'observateur basé sur la FEM. Dans la suite de ce chapitre, une commande de type backstepping est conçue. Elle est utilisée avec deux observateurs différents. Dans un premier temps, la commande backstepping est associée à l'observateur super twisting. La commande est ensuite liée à l'observateur adaptatif interconnecté. L'analyse de stabilité de chaque cas est présentée. En fin, une commande de mode glissant d'ordre supérieur de type homogène est élaborée. Cette commande est liée à l'observateur super twisting. Chaque cas de l'ensemble "commande + observateur" cité au-dessus est validé en simulation selon le benchmark "Commande Sans Capteur Mécanique" (Fig 2.4). Le tableau (4.1) résume les performances globales des lois de commande élaborées.

TABLE 4.1: Performances globales des lois de commande élaborées

	Commande		
	MGOS "traj. pré-calculée"	Backstepping	MGOS "Homogène"
simplicité de développement	* * **	* * * * *	* * **
Facilité de réglage	* * *	* * **	* * **
Temps de calcul	36 μs	16 μs	36 μs

Chapitre 5

Conclusions et perspectives

La machine synchrone à aimants permanents est très présente dans les applications industrielles, en raison de sa compacité, sa faible inertie, son rendement, sa robustesse et sa puissance massique élevée.

Le travail présenté dans cette thèse a porté sur la commande non linéaire sans capteur de la machine synchrone à aimants permanents. Ces travaux ont eu pour but de synthétiser des observateurs qui estiment les grandeurs mécaniques non mesurables (vitesse, position,..) en utilisant exclusivement des grandeurs électriques mesurées (courants statorique, tensions statoriques) et de proposer des lois de commande associées à ces observateurs qui garantissent des hautes performances statiques et dynamiques. Chaque loi de commande élaborée a été validée sur un benchmark industriel pour la commande sans capteur mécanique.

Dans un premier temps nous avons donné une brève description des machines synchrones à aimants permanents ainsi qu'une classification de ces dernières. le modèle mathématique dans les différents repères (triphasé, fixe $(\alpha - \beta)$ et synchrone $(d - q)$) de chaque type de cette machines.

Nous avons mené à bien une étude sur les conditions d'observabilité de la machine synchrone à aimants permanents. Cette étude nous a permis de conclure que si la vitesse et la position sont considérées comme des sorties mesurées alors la machine synchrone à aimantes permanents est observable. Dans le cas où la mesure de la vitesse et de la position ne sont pas disponibles (commande sans capteur mécanique), l'étude de l'observabilité a montré que la machine synchrone à aimants permanents à pôles lisses (MSAPPL) est inobservable à vitesse nulle tandis que l'observabilité de la machine synchrone à aimants permanents à pôles saillants (MSAPPS) ne peut être établie dans le cas où la vitesse est nulle sauf sous la condition donnée par (2.32).

La synthèse des observateurs non linéaires pour la machine synchrone à aimants permanents à pôles lisses sans capteur mécanique a été une des contributions principales de nos travaux. Ces observateurs estiment les grandeurs mécaniques non mesurables (vitesse, position) à partir des mesures disponibles (courants statoriques et tensions statoriques). Premièrement, deux observateurs à modes glissants d'ordre un, dont un basé sur la FEM et l'autre basé sur le modèle complet, ont été présentés. Ces deux observateurs ont été validés expérimentalement. Ces résultats montrent que l'observateur basé sur la FEM est plus sensible aux variations paramétriques. Au contraire, le deuxième observateur d'ordre complet est robuste vis-à-vis de ces tests. L'erreur de la vitesse estimée de cet observateur est minime même au moment de l'accélération. Ensuite, un observateur à mode glissant d'ordre supérieur a été élaboré. Cet observateur est basé sur l'algorithme du super twisting. Enfin, un observateur adaptatif interconnecté a été conçu. Contrairement aux trois premiers observateurs, l'observateur adaptatif interconnecté estime de plus le couple de charge ainsi que la résistance statorique. Les observateurs synthétisés ont été testés sur un benchmark spécifique défini pour la commande sans capteur mécanique de la machine synchrone à aimants permanents. La stabilité de chaque observateur à été démontrée.

La conception des commandes non linéaires sans capteur mécanique pour la machine synchrone à aimants permanents constitue la contribution majeure de nos travaux. Soulignons que lors de la synthèse des algorithmes de commande, notre objectif était de mettre en oeuvre des lois de commandes robustes, de démontrer la stabilité globale de l'ensemble "Commande+Observateur" et de les valider sur le benchmark "Commande sans capteur mécanique".

Par conséquent, nous avons d'abord proposé une loi de commande basée sur les modes glissants d'ordre supérieur à trajectoires pré-calculées. Cette commande permet non seulement de réduire les phénomènes de "chattering" mais aussi de garantir la convergence en temps fini. Cette commande a été combinée avec deux observateurs différents : l'observateur basé sur le modèle complet et l'observateur basé sur la FEM. L'analyse de la stabilité de l'ensemble (commande+observateur) de chaque cas a été détaillée. Chaque cas a été testé sur un benchmark spécifique défini pour la commande sans capteur mécanique de la machine synchrone a aimants permanents. Les résultats obtenus avec des tests de robustesse vis-à-vis des variations paramétriques (résistance statorique, inductance statorique) ont montré les performances des schémas proposés.

Nous avons ensuite présenté une loi de commande de type backstepping. Cette commande à été associée dans un premier temps à l'observateur super twisting, puis à l'observateur adaptatif interconnecté. La stabilité de l'ensemble (commande+observateur) de chaque cas a été démontrée. Les résultats de simulation correspondants ont été présentés.

Enfin, une commande de type mode glissant d'ordre supérieur quasi-continue a été élaborée. Cette commande garantit la convergence en temps fini. Elle a été liée à l'observateur super twisting. Le dernier ensemble a été testé selon le benchmark "Commande sans capteur mécanique".

A la lumière des résultats obtenus au cours de nos travaux, un certain nombre de perspectives peut être envisagé. Les axes de recherche suivants sont recommandés pour continuer cet effort :

- la validation expérimentalement des lois de commande sans capteur qui ont été conçues,
- l'amélioration des performances de lois de commande sans capteur conçues en tenant

compte de non linéarité du convertisseur,

- la modification des observateurs de la commande dans le but d'utiliser l'observateur dits "observateur-hybride". En d'autres termes, à basse vitesse y compris à l'arrêt, la méthode d'injection de signal sera appliquée. Au-delà, l'observation classique prendra le relais,

- l'extension de l'étude pour la machine synchrone à aimants permanents à pôles saillants et à réluctance,

- la modification des observateurs de la commande pour inclure du diagnostic en ligne. Cette technique permettra donc de prendre en compte les défauts possibles de la machine lors de sa commande (comme par exemple les courts-circuits statoriques). Cela nous permet de détecter les défauts et puis de les isoler. Dans ce cas, une reconfiguration de commande pourra être mise en place.

Annexe A

Descriptif de la plate-forme

Le banc d'essais situé à l'IRCCyN (Web) est destiné à la mise en oeuvre d'algorithmes de commande et d'observation de machines électriques. Les constituants principaux de ce banc d'essai sont :

1. **Matériel :**
   - Machine synchrone à aimants permanents à pôles lisses Leroy Somer FM 142 $E2$ $B300$ 2,83kW.

   - Machine synchrone à aimants permanents à pôles saillants Leroy Somer 95 DSC 060 30 1,7kW.

   - Charge dynamique de type moteur synchrone Invensys/Parvex HD 640EM.

   - Un ensemble carte temps réel DSPACE DS1103 (power-PC 333MHz) et les interfaces permettant les mesures de position, vitesse, courants (2) et tensions (2) filtrées, couple entre machine testée et machine de charge (DC).

   - Deux onduleurs de laboratoire (Haute tension : ARCEL/GE44 et basse tension :LESIR)

   - Un variateur numérique mono-axe DIGIVEX DSD 16/32-400T permettant le contrôle de la machine de charge (vitesse ou couple).

   - Un ordinateur type PC de développement et de supervision.

2. **Logiciels :**
   Matlab R2008a, Simulink, ControlDesk.

L'ensemble des éléments matériels et logiciels a été intégré selon le schéma (A.1) :

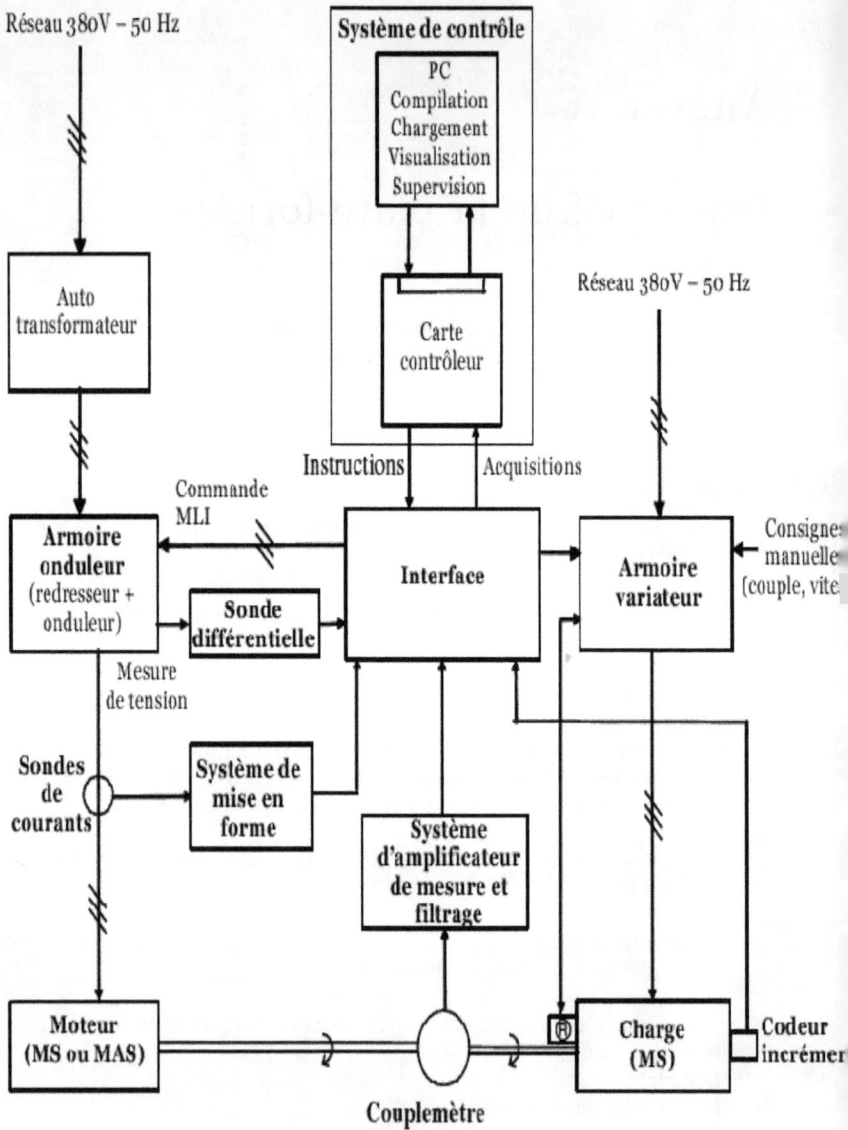

FIGURE A.1: Schéma général de la plate-forme.

Annexe B

Détail de la synthèse de la commande mode glissant d'ordre supérieur

Remarque 15 *Cette loi de commande peut être synthétisée dans un contexte monovariable ((Levant, 2001), (Plestan, 2008)) ou bien dans un contexte multivariable ((Plestan, 2008)).*

B.0.1 Formulation du problème

Considérons un système non linéaire incertain

$$
\begin{aligned}
\dot{x} &= f(x) + g(x)u \\
y &= h(x)
\end{aligned}
\tag{B.1}
$$

où $x \in I\!\!R^n$ est l'état, $u \in I\!\!R$ est l'entrée de commande et $h(x) \in I\!\!R$ est une sortie définie pour satisfaire les objectifs du contrôle. $f(x)$ et $g(x)$ sont des fonctions incertaines lisses. Considérons l'écart de poursuite représenté par la variable de glissement $s(x,t) = h(x) - h_d(t)$ où $h_d(t)$ est une trajectoire de référence suffisamment dérivable. Supposons que

Hypothèse 7
Le degré relatif r de (B.1) par rapport à $s(x,t)$ est supposé connu et constant. Les dynamiques de zéros associées sont stables.

L'objectif est de déterminer une commande qui contraint $s(x,t)$ et ses $r-1$ premières dérivées à zéro en temps fini.

Définition 9 *(Levant, 2003)*
Considérons le système non linéaire (B.1), bouclé par une commande discontinue. Alors, si[1] $s, \dot{s}, \cdots, s^{(r-1)}$ sont des fonctions continues, l'ensemble

$$
\mathbf{S}^r = \{x \mid s(x,t) = \dot{s}(x,t) = \cdots = s^{(r-1)}(x,t) = 0\},
$$

appelé ensemble glissant d'ordre "r", est non vide et est localement un ensemble intégral dans le sens de Filippov (Filippov, 1988); les trajectoires sur $\mathbf{S}^r$ sont appelées "mode glissant d'ordre r" par rapport à la variable de glissement "s".

---

1. $s(\cdot)^{(k)}$ ($k \in I\!\!N$) notent la k^{ieme} dérivée temporelle de la fonction $s(\cdot)$. Cette notation sera aussi utilisée pour tout autre fonction.

La commande par modes glissants d'ordre r permet la stabilisation à zéro en temps fini de la variable de glissement s et de ses r-1 premières dérivées temporelles d'ordre "r" en définissant une fonction de commande discontinue convenable. D'après (Plestan, 2008), il existe le vecteur φ_1 et la matrice φ_2 tels que

$$s^{(r)} \quad = \quad \varphi_1(x,t) + \varphi_2(x)u \tag{B.2}$$

où [2] $\varphi_2(x) = L_g L_f^{r-1} s$, $\varphi_1(x) = L_f^r s$.

Hypothèse 8

L'équation (B.2) est supposée admettre des solutions au sens de Filippov (Filippov, 1988) sur l'ensemble de glissement $\mathbf{S}^r$ et les trajectoires du système sont supposées extensibles infiniment en temps pour toute entrée bornée mesurable (Levant, 1993).

Hypothèse 9

Les fonctions $\varphi_1(x,t)$ et φ_2 sont des fonctions incertaines bornées et, sans perte de généralité, supposons que le signe du terme φ_2 soit constant et strictement positif. Alors, il existe $K_m \in I\!R^{+*}$, $K_M \in I\!R^{+*}$, $C_0 \in I\!R^+$ tels que

$$0 < K_m < \varphi_2 < K_M \quad |\varphi_1(x,t)| \leq C_0. \tag{B.3}$$

Pour $x \in \mathbf{X} \subset I\!R^n$, $\mathbf{X}$ étant un ouvert borné de $I\!R^n$ dans lequel sont les trajectoires du système. De plus l'entrée de commande u est bornée.

Le problème de la stabilisation en temps fini du système (B.1) avec une commande par modes glissants d'ordre r est équivalent à la stabilisation en temps fini de (B.4) (Plestan, 2008) qui satisfait les conditions de bornitudes globales (B.3)

$$\begin{aligned} \dot{Z}_1 &= A_{11}Z_1 + A_{12}Z_2 \\ \dot{Z}_2 &= \varphi_1 + \varphi_2 u \end{aligned} \tag{B.4}$$

où φ_1 et φ_2 sont définies par (B.2), $Z_1 = [Z_1^0 \ Z_1^1 \ \cdots \ Z_1^{r-2}]^T := [s \ \dot{s} \ \cdots \ s^{(r-2)}]^T$ et $Z_2 = s^{(r-1)}$. A_{11} et A_{12} sont définies par

$$A_{11} = \begin{bmatrix} 0 & 1 & \ldots & 0 & \ldots \\ \vdots & \ddots & \ddots & \ddots & \ddots \\ \vdots & \ddots & \ddots & \ddots & \ddots \\ 0 & \ddots & \ddots & \ldots & 1 \\ 0 & \ddots & \ddots & \ddots & 0 \end{bmatrix}_{(r-1)\times(r-1)} \qquad A_{12} = \begin{bmatrix} 0 \\ \ldots \\ 0 \\ 0 \\ 1 \end{bmatrix}_{(r-1)\times 1}. \tag{B.5}$$

---

2. Considérons $a(x)$ une fonction de valeurs réelles et $b(x)$ un vecteur tel que $a(x)$ et $b(x)$ soient définis sur $X \subset I\!R^n$. On note alors $L_b a$ la dérivée de Lie définie par $L_b a = \frac{\partial a}{\partial x} b(x)$.

B.0.2 Synthèse de la commande par modes glissants d'ordre supérieur à trajectoire pré-calculée

La synthèse d'une commande par modes glissants d'ordre supérieur pour le système (B.4) repose sur l'idée suivante : la variable de glissement est définie pour que le système évolue, *dès* $t = 0$, sur une surface de glissement. En outre, la variable de glissement et ses dérivées temporelles atteignent l'origine en un temps fini, malgré les incertitudes grâce à une commande discontinue. La conception du contrôleur se réalise en deux étapes :

- une loi de commande linéaire à convergence en temps fini est utilisée pour générer les trajectoires de référence du système (B.4). Ces trajectoires induisent la définition d'une surface de glissement sur laquelle le système évolue,
- conception d'une loi de commande discontinue ν maintenant les trajectoires du système sur la surface glissante qui assurera l'établissement d'un mode de glissement d'ordre r à $t = t_f$ malgré les incertitudes.

Génération d'une trajectoire par une commande linéaire à convergence en temps fini (Plestan, 2008)

Considérons le système linéaire :

$$\dot{\zeta} = A_{11}\zeta + A_{12}w \tag{B.6}$$

avec $\zeta := [\zeta_1 \cdots \zeta_{r-1}]^T \in I\!R^{r-1}$ $(r > 1)$ le vecteur d'état, $w \in I\!R$ l'entrée de la commande et A_{11}, A_{12} définies par l'équation (B.4).

Hypothèse 10 *Il existe un entier j tel que $1 \leq j \leq r - 1$ et $\zeta_{r-j}(0) \neq 0$ borné.*

Dans (Plestan, 2008), une commande permettant la convergence en temps fini du système (B.6) est donnée par

$$w = KF^{r-1}e^{Ft}T\zeta_{r-j}(0) \tag{B.7}$$

avec F une matrice de dimension $2r \times 2r$ et T un vecteur de dimension $2r \times 1$. Le vecteur gain K de dimension $1 \times 2r$ est calculé de manière à ce que le système (B.6) atteigne l'origine en un temps fini t_f. En effet, par analogie au principe développé dans (Engel , 2002), K permet de fixer les conditions finales de ζ_i $(1 \leq i \leq r - 1)$ et les conditions initiales et finales de w. Considérons que le système (B.6) est commandé par (B.7). Une solution est (avec $1 \leq j \leq r - 1$)

$$\begin{aligned}
\zeta_1 &= Ke^{Ft}T\zeta_{r-j}(0) \\
\zeta_2 &= KFe^{Ft}T\zeta_{r-j}(0) \\
&\vdots \\
\zeta_{r-2} &= KF^{r-3}e^{Ft}T\zeta_{r-j}(0) \\
\zeta_{r-1} &= KF^{r-2}e^{Ft}T\zeta_{r-j}(0)
\end{aligned} \tag{B.8}$$

Le gain K permet de fixer arbitrairement

1. Les conditions finales de ζ à l'instant $t = t_f$, $\zeta_f := \zeta(t_f)$, à condition de connaître les conditions initiales $\zeta(0)$. Dans notre cas, la condition finale à atteindre est $\zeta_f = 0$.

2. Les conditions initiales et finales de la loi de commande w. Dans le cas présent, l'objectif est de stabiliser le système (B.6) à $\zeta_f = 0$ en temps fini $t = t_f$. On a alors $w_f := w(t_f) = 0$.

Le problème revient donc à résoudre $2r$ équation en K, correspondant aux conditions initiales et finales de chacune des r variables d'état et entrée de commande.

$$
\begin{array}{llll}
\text{(a)} & w(0) = KF^{r-1}T\zeta_{r-j}(0) & \to & KF^{r-1}T\zeta_{r-j}(0) = w(0) \\
\text{(b)} & w(t_F) = KF^{r-1}e^{Ft_f}T\zeta_{r-j}(0) & \to & KF^{r-1}e^{Ft_f}T = 0 \\
\text{(c)} & \zeta_{r-1}(0) = KF^{r-2}T\zeta_{r-j}(0) & \to & KF^{r-2}T\zeta_{r-j}(0) = \zeta_{r-1}(0) \\
\text{(d)} & \zeta_{r-1}(t_f) = KF^{r-2}e^{Ft_F}T\zeta_{r-j}(0) & \to & KF^{r-2}e^{Ft_f}T = 0
\end{array}
\tag{B.9}
$$

$$
\vdots
$$

$$
\begin{array}{llll}
\zeta_1(0) = KT\zeta_{r-j}(0) & \to & KT\zeta_{r-j}(0) = \zeta_1(0) \\
\zeta_1(t_f) = Ke^{Ft_f}T\zeta_{r-j}(0) & \to & Ke^{Ft_F}T = 0
\end{array}
$$

Le système de $2r$ équations ainsi formé permet de trouver les $2r$ valeurs du gain K.

Lemme 2 *Il existe une matrice stable F (ses valeurs propres sont à parties réelles négatives) et une matrice T telles que la matrice $\mathcal{K}$ définie par*

$$
\mathcal{K} = \left[F^{r-1}T\zeta_{r-j}(0) \mid F^{r-1}e^{Ft_f}T \mid F^{r-2}T\zeta_{r-j}(0) \mid F^{r-2}e^{Ft_f}T \mid \cdots \mid T\zeta_{r-j}(0) \mid e^{Ft_f}T \right]
\tag{B.10}
$$

soit inversible.

A partir du lemme 2, le système (B.9) composé de $2r$ équations linéaires admet une seule solution K qui est

$$
K = [w(0) \quad 0 \quad \zeta_{r-1}(0) \quad 0 \quad \cdots \quad \zeta_1(0) \quad 0] \cdot \mathcal{K}^{-1}
\tag{B.11}
$$

Lemme 3 *(Plestan, 2008) Considérons le système linéaire (B.6) avec l'hypothèse 10 vérifiée. La loi de commande*

$$
w = \begin{cases} KF^{r-1}e^{Ft}T\zeta_{r-j}(0) & \text{for } 0 \leq t \leq t_f \\ 0 & t > t_f \end{cases}
\tag{B.12}
$$

avec F une matrice de dimension $2r \times 2r$, T un vecteur de dimension $2r \times 1$ satisfaisant le lemme 2, $0 < t_f < \infty$ et le vecteur K de dimension $1 \times 2r$ solution de (B.11), assure que le système (B.6) rejoigne l'origine en un temps fini t_f.

Remarque 16

L'hypothèse 10 n'est pas restrictive. En effet, s'il existe au moins une variable d'état dont la valeur initiale n'est pas égale à 0, l'hypothèse est vérifiée. Sinon, cela implique que le vecteur d'état est égal à 0 : dans ce cas, cela signifie que le système (B.6) est déjà à l'origine ; $w = 0$ maintient donc le système dans cette position.

Remarque 17

Le choix d'une matrice F stable et d'un instant t_f borné implique que K est borné. Il existe alors une valeur $\Theta_0 > 0$ telle que

$$
|KF^{r-1}e^{Ft}T\zeta_{r-j}(0)| < \Theta_0.
\tag{B.13}
$$

Calcul de la variable et la surface de glissement

Dans la section précédente, la génération d'une trajectoire par la commande linéaire est présentée. Cette commande permet de calculer les trajectoires de référence permettant de faire converger un système non linéaire en temps fini. Considérons la première partie du système (B.6) avec $Z_1 = [Z_1^0 \ Z_1^1 \ \cdots \ Z_1^{r-2}]^T := [s \ \dot{s} \ \cdots \ s^{(r-2)}]^T$ $(r > 1)$,

$$\dot{Z}_1 = A_{11}Z_1 + A_{12}Z_2. \tag{B.14}$$

L'état Z_2 est considéré comme l'entrée du système (B.14). Supposons que

Hypothèse 11 *Il existe un entier j tel que $1 \leq j \leq r$ et $Z_1^{r-j}(0) \neq 0$ borné.*

A partir des lemmes 2 et 3, la loi de commande Z_2 $(Z_2 = s^{(r-1)})$ assurant $Z_1(t_f) = Z_2(t_f) = 0$, s'écrit

$$\begin{aligned} Z_2(t) &= KF^{r-1}e^{Ft}TZ_1^{r-j}(0) - \lambda_{r-2}[Z_1^{(r-2)} - KTF^{(r-2)}e^{Ft}Z_1^{(r-j)}(0)] \\ &- \cdots - \lambda_0[Z_1^0 - KTe^{Ft}Z_1^{(r-j)}(0)] \end{aligned} \tag{B.15}$$

avec F une matrice stable de dimension $2r \times 2r$ et T un vecteur de dimension $2r \times 1$. K est une matrice de gain défini tel que le système (B.14) soit stabilisé à l'origine en un temps fini t_f. $\lambda_{r-2}, \cdots, \lambda_0$ sont définis tel que $P(z) = z^{(r-1)} + \lambda_{r-2}z^{(r-2)} + \cdots + \lambda_0$ soit un polynôme d'Hurwitz en la variable z. Le gain K est défini comme suite

$$K = \begin{bmatrix} Z_2(0) & 0 & Z_1^{r-2}(0) & 0 & \cdots & Z_1^0(0) & 0 \end{bmatrix} \cdot \mathcal{K}^{-1}. \tag{B.16}$$

Hypothèse 12 *Il existe une constante $\Theta > 0$ tel que, pour $0 \leq t \leq t_f$,*

$$\begin{aligned} | &- KTF^re^{Ft}Z_1^{(r-j)}(0) + \lambda_{r-2}[Z_1^{(r-1)} - KTF^{r-1}e^{Ft}Z_1^{(r-j)}(0)] \\ &+ \cdots + \lambda_0[Z_1^1 - KTFe^{Ft}Z_1^{(r-j)}(0)]| < \Theta \end{aligned} \tag{B.17}$$

Soit $\sigma(Z, t)$ la surface de glissement définie par

$$\begin{aligned} \sigma(Z, t) &= Z_2 - KTF^{r-1}e^{Ft}Z_1^{(r-j)}(0) + \lambda_{r-2}[Z_1^{(r-2)} - KTF^{r-2}e^{Ft}Z_1^{(r-j)}(0)] \\ &+ \cdots + \lambda_0[Z_1^0 - KTe^{Ft}Z_1^{(r-j)}(0)]. \end{aligned}$$

La commande linéaire du système (B.4) est utilisée pour générer la trajectoire désirée de Z_2. La dynamique permettant d'obtenir la stabilisation en temps fini du vecteur $[Z_1^T \ Z_2]^T$ en zéro est donnée par l'équation $\sigma(Z, t) = 0$. La surface de glissement sur laquelle le système (B.1) va évoluer via une commande discontinue ν est définie par

$$\mathcal{S} = \{Z \mid \sigma(Z, t) = 0\}. \tag{B.18}$$

En considérant l'équation (B.9-a), on obtient $\sigma(Z, 0) = 0$ à l'instant initial, le système évolue continuellement sur la surface de glissement.

Synthèse de la commande

Après le calcul de la surface de glissement permettant une convergence vers l'origine en temps fini du système, une attention particulière est donnée à la synthèse de la loi de commande discontinue ν qui force les trajectoires d'état du système à évoluer sur $\mathcal{S}$. Une fois la convergence établie, la loi de commande maintient le système sur la trajectoire de référence.

Théorème 3 *(Plestan, 2008) Soit le système (B.1) possédant un degré relatif par rapport à $s(x,t)$. Supposons que les hypothèses 7, 8, 9, 10 et 12 soient vérifiées. L'ordre de glissement est fixé à r et le temps de convergence, fixé a priori, est tel que $(0 < t_f < \infty)$. Soit $S \in \mathbb{R}$ une fonction définie par*

$$S = \begin{cases} s^{(r-1)} - KTF^{r-1}e^{Ft}s^{(r-j)}(0) + \lambda_{r-2}[s^{(r-2)} - KTF^{r-2}e^{Ft}s^{(r-j)}(0)] \\ + \cdots + \lambda_0[s(x,t) - KTe^{Ft}s^{(r-j)}(0)] \quad \text{pour} \ \ 0 \le t \le t_f \\ s^{(r-1)} + \lambda_{r-2}s^{(r-2)} + \cdots + \lambda_0 s(x,t) \quad \text{pour} \ \ t > t_f \end{cases} \tag{B.19}$$

avec K l'unique solution de l'équation (B.16) F une matrice stable de dimension $2r \times 2r$ et T un vecteur de dimension $2r \times 1$ tel que le Lemme 2 soit vrai. Alors, la loi de commande ν définié par

$$\nu = -\alpha sign(S) \tag{B.20}$$

avec

$$\alpha \ \ge \ \frac{C_0 + \Theta + \eta}{K_m}, \tag{B.21}$$

où C_0, K_m définis par l'hypothèse 9 (B.3), Θ défini par (B.17) et η condition de η-attractivité (Utkin, 1992) assure l'établissement d'un régime glissant d'ordre r par rapport à s. Le temps de convergence est fixé à priori à la valeur t_f.

Preuve du théorème 3

La stabilisation en zéro et en temps fini de $[s \ \dot{s} \ \cdots \ s^{(r-1)}]^T$ est réalisé par glissement sur la surface définie par

$$\mathcal{S} \ = \ \{x \in \mathcal{X} | S = 0\}. \tag{B.22}$$

La loi de commande discontinue assurant le glissement sur la surface S pour tout $t \ge 0$, satisfaite la condition

$$\dot{S} \cdot S < -\eta |S| \tag{B.23}$$

où $\eta > 0$ est une valeur réelle positive. Considérons maintenant deux cas

– $0 \le t \le t_f$

$$\dot{S} \ = \ \varphi_1 + \varphi_2 \cdot \nu - KTF^r e^{Ft}s^{(r-j)}(0) + \lambda_{r-2}[s^{(r-1)} \\ - KTF^{r-1}e^{Ft}s^{(r-j)}(0)] + \cdots + \lambda_0[\dot{s} - KTFe^{Ft}s^{(r-j)}(0)]. \tag{B.24}$$

Supposons que $S > 0$. On obtient alors

$$\varphi_1 - \varphi_2 \cdot \alpha - KTF^r e^{Ft}s^{(r-j)}(0) + \lambda_{r-2}[s^{(r-1)} - KTF^{r-1}e^{Ft}s^{(r-j)}(0)] \\ + \cdots + \lambda_0[\dot{s} - KTFe^{Ft}s^{(r-j)}(0)] < -\eta. \tag{B.25}$$

sachant que $0 < K_m < \varphi_2 < K_M$ $\ \ |\varphi_1| \le C_0$ et de l'hypothèse 12, l'équation (B.25) donne

$$\alpha > \frac{C_0 + \Theta + \eta}{K_m}. \tag{B.26}$$

Supposons que $S < 0$. On obtient alors

$$\varphi_1 - \varphi_2 \cdot \alpha - KTF^r e^{Ft} s^{(r-j)}(0) + \lambda_{r-2}[s^{(r-1)} - KTF^{r-1} e^{Ft} s^{(r-j)}(0)]$$
$$+ \cdots + \lambda_0[\dot{s} - KTF e^{Ft} s^{(r-j)}(0)] < \eta, \qquad (B.27)$$

sachant que $0 < K_m < \varphi_2 < K_M \quad |\varphi_1| \le C_0$ et de l'hypothèse 12, l'équation (B.27) donne

$$\alpha > \frac{C_0 + \Theta + \eta}{K_m}. \qquad (B.28)$$

– $t > t_f$

$$\dot{S} = \varphi_1 + \varphi_2 \cdot \nu + \lambda_{r-2} s^{(r-1)} + \cdots + \lambda_0 \dot{s}. \qquad (B.29)$$

Supposons que $S > 0$. On obtient alors

$$\varphi_1 - \varphi_2 \cdot \alpha + \lambda_{r-2} s^{(r-1)} + \cdots + \lambda_0 \dot{s} < -\eta. \qquad (B.30)$$

sachant que $0 < K_m < \varphi_2 < K_M \quad |\varphi_1| \le C_0$ et de l'hypothèse 12, l'équation (B.30) donne

$$\alpha > \frac{C_0 + \Theta + \eta}{K_m}. \qquad (B.31)$$

Supposons que $S < 0$. On obtient alors

$$\varphi_1 - \varphi_2 \cdot \alpha + \lambda_{r-2} s^{(r-1)} + \cdots + \lambda_0 \dot{s} < \eta, \qquad (B.32)$$

sachant que $0 < K_m < \varphi_2 < K_M \quad |\varphi_1| \le C_0$ et de l'hypothèse 12, l'équation (B.32) donne la condition suffisante suivante

$$\alpha > \frac{C_0 + \Theta + \eta}{K_m}. \qquad (B.33)$$

En utilisant la loi de commande $\nu = -\alpha sign(S)$ et en respectant l'inéquation de gain $\alpha > \frac{C_0 + \Theta + \eta}{K_m}$, la condition (B.23) est validée.

Implémentation de la loi de commande

La loi de la commande discontinue ν s'écrit
  – pour $0 \le t \le t_f$, $\nu = -\alpha \cdot sign(S)$. A l'instant $t = t_f$, le système satisfait $s = \dot{s} = \ddot{s} = \cdots s^{(r-1)} = 0$. Un régime de mode glissant d'ordre r est ainsi établi.
  – Pour $t > t_f$, l'objectif consiste simplement à maintenir le système dans l'état $s = \dot{s} = \ddot{s} = \cdots s^{(r-1)} = 0$, ce qui est assuré par la commande discontinue $\nu = -\alpha \cdot sign(s^{(r-1)} + \lambda_{r-2} s^{(r-2)} + \cdots + \lambda_0 s)$

Annexe C

Résultats expérimentaux de la commande Backstepping

La commande du type Backstepping + les termes intégraux présentée dans le chapitre 3 a été testée sur le "Benchmark Commande Sans Capteur Mécanique".

Remarque 18 *Cette loi de commande est fournie par la mesure de la position et la vitesse.*

La figure (C.1) montre une bonne poursuite de la vitesse mesurée vers la valeur désirée ω^*, **Cas nominal**

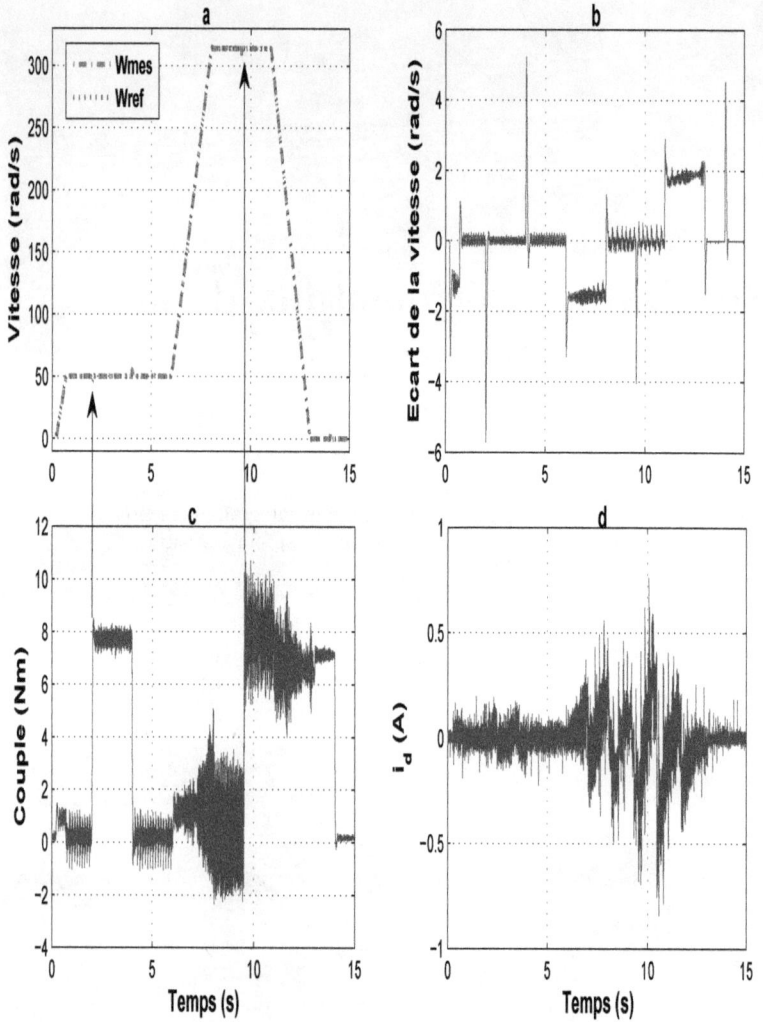

FIGURE C.1: Cas nominal : a- vitesse (rad/s)   b- erreur de vitesse (rad/s) b- couple de charge (Nm)   d- courant "i_d (A)".

Testes de robustesse

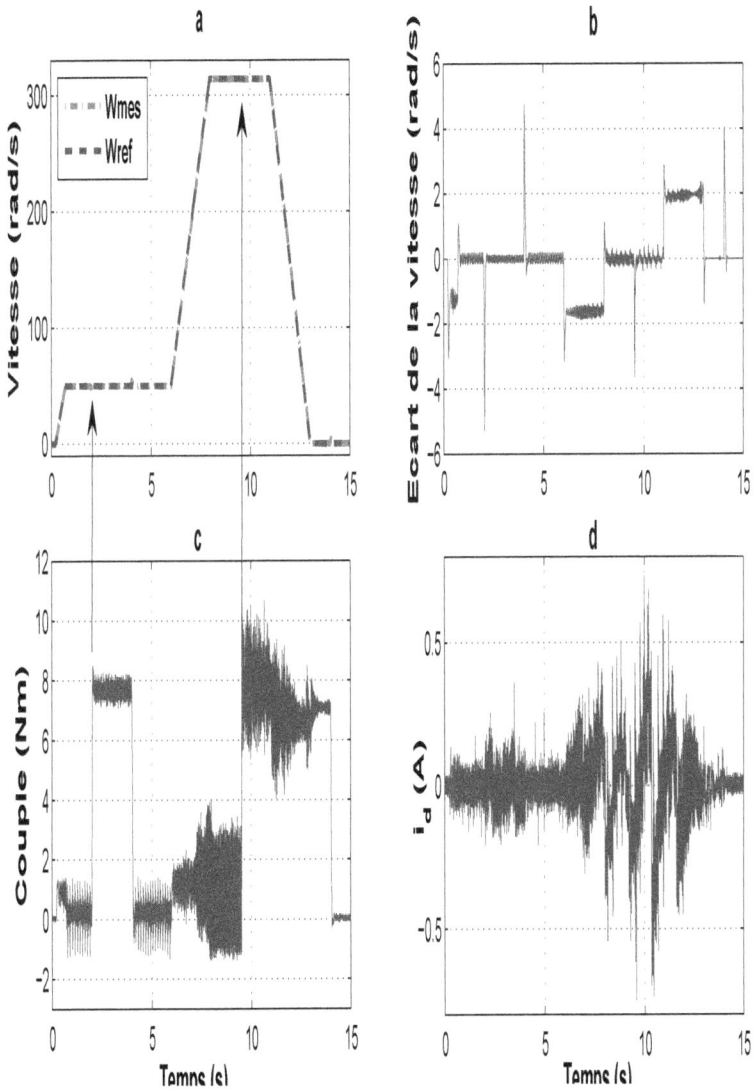

FIGURE C.2: $+50\%R_s$: a- vitesse (rad/s)   b- Ecart de la vitesse (rad/s)
b- couple de charge (Nm)   d- courant "i_d (A)".

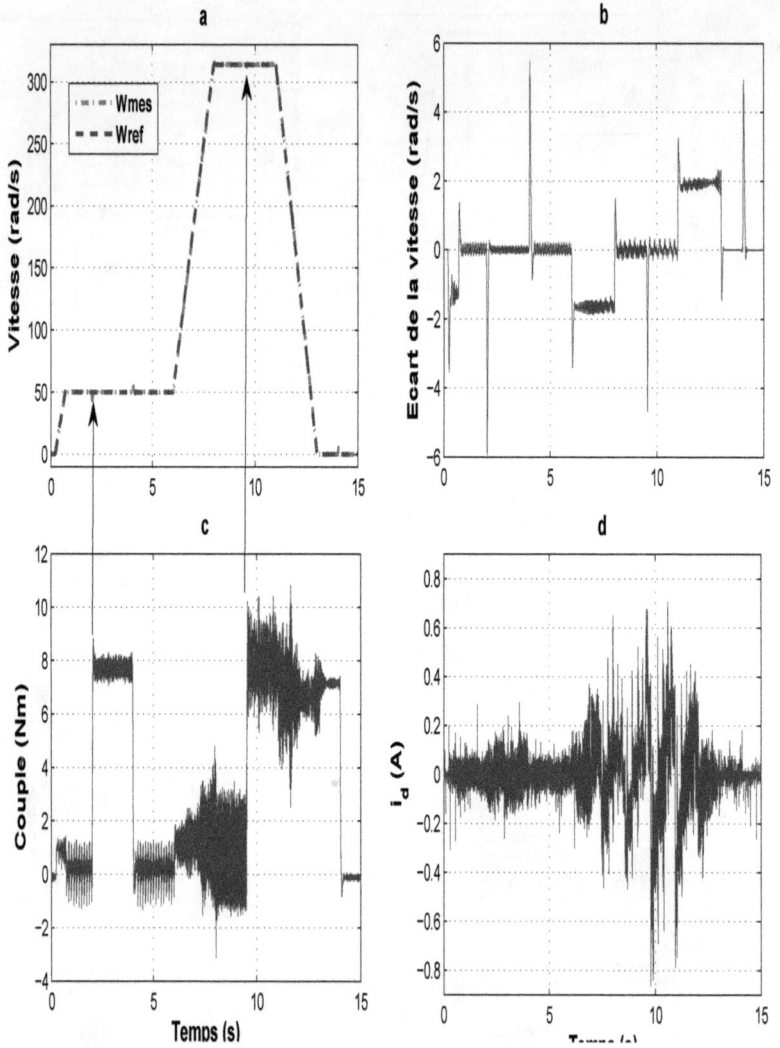

FIGURE C.3: $-50\%R_s$: a- vitesse (rad/s)   b- Ecart de la vitesse (rad/s)   b- couple de charge (Nm)   d- courant "i_d (A)".

Bibliographie

(Acarnley, 2006) Paul P. Acarnley and John F. Watson. *Review of Position-Sensorless Operation of Brushless Permanent-Magnet Machines*, IEEE TRANSACTIONS ON INDUSTRIAL ELECTRONICS, vol. 53, No. 2, pp.352-36, April, 2006.

(Akrad, 2008) A. Akrad, M. Hilairet, D. Diallo. *A sensorless PMSM drive using a two stage extended Kalman estimator* 34th Annual Conference of IEEE Industrial Electronics, IECON 2008, pp. 2776-2781, Orlando, USA, 10-13 Nov. 2008.

(Alonge, 2006) F. Alonge, A. O. Di Tommaso, R. Miceli and C. Rando. *Sensorless Control of Permanent Magnet Synchronous Motors for Wide Speed Range Applications*, International Symposium on Power Electronics, Electrical Drives, Automation and Motion, SPEEDAM, 2006.

(Andreescu, 2008) Gheorghe-Daniel Andreescu, Cristian Ilie Pitic, Frede Blaabjerg and Ion Boldea. *Combined Flux Observer With Signal Injection Enhancement for Wide Speed Range Sensorless Direct Torque Control of IPMSM Drives*, IEEE Transactions on Energy Conversion, Vol. 23, No. 2, June, 2008.

(Arias, 2007) Arias A, Saltiveri D, Caruana C, Pou J, Gago J, Gonzalez D. *Position estimation with voltage pulse test signals for Permanent Magnet Synchronous Machines using Matrix Converters*, Compatibility in Power Electronics, CPE'07, pp 1-6, 29 May-1 June, 2007.

(Arroyo, 2006) Enrique L. Carrillo Arroyo, *Modeling and simulation of permanent magnet synchronous motor drive system*, University of puerto rico, Mayagüez Campus, 2006.

(Besançon, 1996) G. Besançon and H. Hammouri. *Observer Synthesis for class of Nonlinear Control Systems*, European Journal of Control, Vol. 2, pp. 176-192, 1996.

(Besançon, 1996b) G. Besançon. *Contributions à l'étude et à l'Observation des Systèmes Non Linéaires avec recours au Calcul Formel*, thèse de doctorat, INPG, Novembre 1996.

(Besançon, 1998) G. Besançon and H. Hammouri. *On Observer Design for Interconnected Systems*, Journal of Mathematical Systems, Estimation and Control, Vol. 8, 1998.

(Besançon, 2006) G. Besançon and De J. Leon and O. Huerta. *On Adaptive observers for State Affine Systems*, International journal of Control, Vol. 79, pp. 581-591, 2006.

(Bisheimer, 2006) Bisheimer G., Sonnaillon M.O., De Angelo C.H., Solsona J.A. and Garcia G.O. *Permanent Magnet Motor Control in Full Speed Range without Mechanical*

Sensors, 12th International Power Electronics and Motion Control Conference, pp. 349-354, 2006.

(Bose, 2002) Bose Bimal K., *Modern power electronics and ac drives*, Prentice Hall PTR, 2002.

(Boukhobza, 1998) T. Boukhobza et J-P. Barbot. *Step by step sliding mode observer for implicit triangular observer form*, in Proceeding of IFAC NOLCOS 98, Enschede, the Netherland, pp 233-238, 1998.

(Boulbair, 2002) Zoheir Boulbair, *Mise en oeuvre d'une commande sans capteur d'une machine synchrone à aimants permanents*, Université de Nantes, Ecole Polytechnique, Saint Nazaire, France, 2002.

(Boulbair, 2004) Z. Boulbair, M. Hilairet, F. Auger and L. Loron. *Sensorless control of a PMSM using an efficient extended Kalman Filter*, International Conference of Electrical Machines ICEM, 2004.

(Cascella, 2003) G. L. Cascelle, N. Salvatore and L. Salvatore. *Adaptive Sliding-Mode Observer for Field Oriented Sensorless Control of SPMSM*, IEEE International Symposium on Industrial Electronics, ISIE, Vol. 2, pp. 1137-1143 , 9-11 June, 2003.

(Chen, 2000) Zhiqian Chen, Mutuwo Tomita, Shinji Doki and Shigeru Okuma. *New Adaptive Sliding Observers for Positionand Velocity-Sensorless Controls of Brushless DC Motors* IEEE Transactions on Industrial Electronics, Vol. 47, No. 3, pp. 582-591, June, 2000.

(Chen, 2003) Zhiqian Chen, Mutuwo Tomita, Shinji Doki and Shigeru Okuma, *An Extended Electromotive Force Model for Sensorless Control of Interior Permanent-Magnet Synchronous Motors*, IEEE transactions on Industrial Electronics, Vol. 93, No. 2, pp. 288-295, Avril, 2003.

(Chi, 2007) S. Chi, Z. Zhang and L. Xu. *A Novel Sliding Mode Observer with Adaptive Feedback Gain for PMSM Sensorless Vector Control*, IEEE Power Electronics Specialists Conference, PESC, pp. 2579 - 2585, Orlando, FL, 17-21 June, 2007.

(Chiasson, 2005) John Chiasson, *Modeling and High-Performance Control of Electrical Machines*, WILEY-INTERSCIENCE A JOHN WILEY and SONS,INC., PUBLICATION, 2005.

(Ciabattoni, 2010) L. Ciabattoni, M.L.Corradini, M. Grisostomi, G. Ippoliti, S. Longhi and G. Orlando. *Robust Speed Estimation and Control of PM Synchronous Motors via quasi-sliding modes*, 49th CDC 2010, Atlanta, USA, 15-17 December.

(Conte, 1999) G. Conte, C.H.Moog, and A.M.Perdon. *Nonlinear Control Systems - An algebraic setting*, Springer-Verlag, 1999.

(Davila, 2005) J.Davila, L.Fridman and Arie Levant. *Second-order sliding-mode observer for mechanical systems*, IEEE Transactions on Automatic Control, Vol. 50, No. 11, pp. 1785-1789, November, 2005.

(DAVILA, 2006) J.Davila, L.Fridman and A.Poznyak. *Observation and Identification of Mechanical Systems via Second Order Sliding Modes*, International Workshop on Variable Structure Systems, pp.232 237, Alghero, Italy,5-7 June 2006.

(Dhaouadi, 1991) Rached Dhaouadi, Ned Mohan and Lars Norum. *Design and Implementation of an Extended Kalman Filter for the State Estimation of a Permanent Magnet Synchronous Motor*, IEEE Transactions on Power Electronics, Vol. 6, No. 3, pp. 491-497, July, 1991.

(Doki, 2010) Takumi Ohnuma, Shinji Doki and Shigeru Okuma. *Extended EMF Observer for Wide Speed Range Sensorless Control of Salient-pole Synchronous Motor Drives*, XIX International Conference on Electrical Machines - ICEM 2010, Rome.

(Elbuluk, 2001) Changsheng LI, and Malik Elbuluk. *A sliding mode observer for sensorless control of permanent magnet synchronous motors*, Industry Applications Conference, 2001. 36th IAS Annual Meeting. Conference Record of the 2001, Vol. 2, pp. 1273-1278, Chicago, IL, 30 Sept.-4 Oct., 2001.

(Engel , 2002) R. Engel and G. Kreisselmeir. *A continuous-time observer which converges in finite times*, IEEE Trans. Autom. Control, Vol.47, No.7, pp.1202-1204, 2002.

(Ezzat, 2010a) Marwa Ezzat, Alain Glumineau, Robert Boisliveau. *Comparaison de deux observateurs non linéaires pour la commande sans capteur de la MSAP : validation expérimentale*, 6me Conférence Internationale Francophone dŠAutomatique, CIFA , Nancy, France, 2-4 Juin, 2010.

(Ezzat, 2010b) Marwa Ezzat, Jesus de Leon, Nicolas Gonzalez and Alain GLUMINEAU. *Sensorless Speed Control of Permanent Magnet Synchronous Motor by using Sliding Mode Observer*, 11th International Workshop on Variable Structure Systems, VSS'10, Mexico City, Mexico, 26-28 June, 2010.

(Ezzat, 2010c) Marwa Ezzat, Alain Glumineau, Franck Plestan. *Sensorless high order sliding mode control of permanent magnet synchronous motor*, 11th International Workshop on Variable Structure Systems, VSS 2010, Mexico City, Mexico, 26-28 June, 2010.

(Ezzat, 2010d) Marwa Ezzat, Alain Glumineau, Franck Plestan. *Sensorless speed control of a permanent magnet synchronous motor : high order sliding mode controller and sliding mode observer*, 8th IFAC Symposium on Nonlinear Control Systems, NOLCOS, University of Bologna - Italy, 1-3 September, 2010.

(Ezzat, 2010e) Marwa Ezzat, Jesus de Leon, Nicolas Gonzalez and Alain Glumineau. *Observer-Controller Scheme using High Order Sliding Mode Techniques for Sensorless Speed Control of Permanent Magnet Synchronous Motor*, 49th IEEE Conference on Decision and Control, CDC 2010, Atlanta, USA, 15-17 December, 2010.

(Ezzat, 2011) Marwa Ezzat, Jesus de Leon and Alain Glumineau. *Adaptive Interconnected Observer-Based Backstepping Control Design For Sensorless PMSM*, World Congress IFAC WC 2011, Session invité ,Milano, Italy, August 28-September 2

(Faten, 2009) Grouz Faten and Sbita Lassaâd. *Speed Sensorless IFOC of PMSM Based On Adaptive Luenberger Observer*, International Journal of Electrical and Electronics Engineering 2 :1 2009.

(Filippov, 1988) A.F. Filippov. *Differential Equations with Discontinuous Right-Hand Side*, Kluwer, Dordrecht, The Netherlands, 1988.

(Floquet, 2007) T.Floquet, J.P. Barbot. *Super twisting algorithm based step-by-step sliding mode observers nonlinear systems with unknown inputs*, International Journal of Systems Science,Vol.38 , Issue 10, pp.803-815, October, 2007.

(Foo, 2008) Gilbert Foo, Saad Sayeef and M. F. Rahman. *Wide Speed Sensorless SVM Direct Torque Controlled Interior Permanent Magnet Synchronous Motor Drive*, 34th Annual Conference of IEEE Industrial Electronics, IECON, pp. 1439-1444, Orlando, FL, 10-13 Nov., 2008.

(Furuhashi, 1992) Takeshi Furuhashi, Somboon Sangwongwanich and Shigeru Okuma. *A Position-and-Velocity Sensorless Control for Brushless DC Motors Using an Adaptive Sliding Mode Observer*, IEEE Transactions on Industrial Electronics, Vol. 39, No. 2, pp. 89-95, April, 1992.

(Gu, 2004) Jie Gu, Yu Zhang, Zhigan Wu and Jianping Ying. *Rotor Position and Velocity Estimation for PMSM Based on Sliding Mode Observer* 4th International Power Electronics and Motion Control Conference, IPEMC, Vol.3, pp. 1351-1355, 14-16 Aug., 2004.

(Giri, 2010) A. El Magri and F. Giri and A. Elfadili, *An Interconnected Observer for Wind Synchronous Generator*, 8th IFAC Symposium on Nonlinear Control Systems, University of Bologna, Italy, September 1-3, 2010.

(Halder, 2010) Kalyan Kumar Halder, Naruttam Kumar Roy and B.C. Ghosh. *Position Sensorless Control for an Interior Permanent Magnet Synchronous Motor SVM Drive with ANN Based Stator Flux Estimator*, International Journal of Computer and Electrical Engineering, Vol. 2, No. 3, pp. 1793-8163, June, 2010.

(Hermann, 1977) Robert Hermann and Arthur J. Krener, *Nonlinear Controllability and Observability*, IEEE Transactions on Automatic Control, Vol. AC-22, No.5, pp.728-740, October, 1977.

(Huang, 2010) Peng Huang, Chang yun Miao and Lei Huang, *Sensorless Adaptive Backstepping Control of an IPMSM Drive Using Extended-EMF Method*, 2nd International Conference on Industrial and Information Systems, Vol.2, Dalian, 10-11 July, 2010.

(Kaddouri, 2000) Azeddine Kaddouri, *étude d'une commande non-linéaire adaptative d'une machine synchrone à aimants permanents*, L'Université de Laval, L'Institut National Polytechnique de Lorraine, Canada, 2000.

(Kang, 2004) Kye-Lyong Kang, Jang-Mok Kim, Keun-Bae Hwang and Kyung-Hoon Kim . *Sensorless Control of PMSM in High Speed Range with Iterative Sliding Mode Observer*, 19th Annual IEEE Applied Power Electronics Conference and Exposition, APEC, Vol. 2, pp. 1111-1116, 2004.

(Ke, 2005) Shun-Sheng Ke and Jung-Shan Lin. *Sensorless Speed Tracking Control with Backstepping Design Scheme for Permanent Magnet Synchronous Motors* ", Proceeding IEEE Conference on Control Applications, Toronto, Canada, August 28-31, 2005

(Khalil, 1992) H.K. Khalil. *Nonlinear system*, Mac Millan publishing company, ISBN0-02-363541-X, 1992.

(Kim, 1997) J. Kim and S. Sul. *New Approach for High-Performance PMSM Drives without Rotational Position Sensors*, IEEE Transactions on Power Electronics, Vol. 12, No. 5, pp. 904-911 , September, 1997.

(Kim, 2003) Young Sam Kim, Sang Kyoon Kim and Young Ahn Kwon. *MRAS Based Sensorless Control of Permanent Magnet Synchronous Motor*, SICE Annual Conference in Fukui, Fukui University, Japan, 4-6 August, 2003.

(Kokotovic, 1992) P.Kokotovic. *The joy of feedback : nonlinear and adaptive*, IEEE Control Systems Magazine, Vol.12, No.3, pp.7-17, 1992.

(Lakshmikanthan, 1990) V. Laskhmikanthan, S. Leela and A.A. Martynyuk. *Practical stability of nonlinear systems* Word Scientific, 1990.

(Lee, 2008) Jung-Hyo Lee, T.ae-Woong Kong, Won-Cheol Lee, Jae-Sung Yu. *A New Hybrid Sensorless Method using a Back EMF Estimator and a Current Model of Permanent Magnet Synchronous Motor*, Power Electronics Specialists Conference, PESC, IEEE, pp. 4256-4262, Rhodes, 15-19 June, 2008.

(Levant, 1993) A. Levant. *Sliding order and sliding accuracy in sliding mode control*, International Journal of Control, Vol. 58, No. 6, pp. 1247-1263, 1993.

(Levant, 2001) A. Levant. *Universal SISO sliding-mode controllers with finite-time convergence*, IEEE Trans. Autom. Control, Vol. 49, No. 9, pp. 1447-1451, 2001.

(Levant, 2003) A. Levant. *Higher-order sliding modes, differentiation and output-feedback control*, International Journal of Control, Vol. 76, No. 9/10, pp. 924-941, 2003.

(Levant, 2005) A. Levant. *Homogeneity approach to high-order sliding mode design*, Automatica, Vol.41, pp. 823-830, 2005.

(Levant, 2005a) A. Levant. *Quasi-continuous high-order sliding-mode controllers*, IEEE transactions on automatic control, vol. 50, pp. 1812Û1816, 2005.

(Lin, 2008) Hua Lin, Shuo Chen, Jihua Yao and Mineo Tsuji. *Sensorless Vector Control System of Permanent Magnet Synchronous Motors Based on Adaptive and Fuzzy Control*, International Conference on Electrical Machines and Systems, ICEMS, pp. 3074-3078, Wuhan, 17-20 Oct., 2008.

(Liu, 2006) Xuepeng Liu and Bin Wang. *ANN Observer of Permanent Magnet Synchronous Motor Based on SVPWM*, Proceedings of the 6th International Conference on Intelligent Systems Design and Applications (ISDA'06), Vol. 1, pp. 95-100, Jinan, 16-18 Oct., 2006.

(Lipo, 1996) D.W.Novotny and T.A.Lipo, *Vector control and dynamics of AC drives*, Oxford university press, 1998.

(Low, 1993) Teck-Seng Low, Tong-Heng Lee, and Kuan-Teck Chang. *A Nonlinear Speed Observer for Permanent-Magnet Synchronous Motors*, IEEE Transactions on Industrial Electronics, Vol. 40, No. 3, pp. 307-316, June, 1993.

(Miranda, 2007) R. S. Miranda, C. B. Jacobina, E. M. Femandes, A. M. N. Lima, A. C. Oliveira, M. B. R. Correa. *Parameter and Speed Estimation for Implementing Low Speed Sensorless PMSM Drive System Based on an Algebraic Method*, 22nd Annual IEEE Applied Power Electronics Conference, APEC 2007, pp. 1406-1410, Anaheim, CA, USA, 25 Feb.-1 March, 2007.

(Morimoto, 2002) S. Morimoto, K. Kawamoto, M. Sanada and Y. Takeda. *Sensorless Control Strategy for Salient-pôle PMSM Based on Extended EMF in Rotating Reference Frame*, IEEE Transactions Industrial Applications, Vol. 38, No. 4, July/August, 2002.

(Nahid, 2001) Babak Nahid-Mobarakeh, *ommande vectorielle sans capteur mecanique des machines synchrones a aimants :Methodes, convergence, robustesse, Identification "en ligne" des paramètres*, L'Université de Nancy, L'Institut National Polytechnique de Lorraine, Nancy, France, 2001.

(Nakashima, 2000) Shin Nakashima, Yuya Inagaki, and Ichiro Miki. newblock *Sensorless Initial Rotor Position Estimation of Surface Permanent-Magnet Synchronous Motor*, IEEE Transactions on Industrial Applications, Vol. 36, No. 6, pp. 1598-1603, November/December, 2000.

(Paponpen, 2006) K. Paponpen and M. Konghirun. *An Improved Sliding Mode Observer for Speed Sensorless Vector Control Drive of PMSM*, 5th International Power Electronics and Motion Control Conference, IPEMC CES/IEEE, Vol. 2, pp. 1-5, 14-16 Aug., 2006.

(Parasiliti, 2007) Francesco Parasiliti, Roberto Petrella and Marco Tursini. *Sensorless Speed Control of a PM Synchronous Motor by Sliding Mode Observer*, ISDE'97 - Guimariies, Portugal, 2007.

(Persson, 2007) Jan Persson, Miroslav Markovic and Yves Perriard. *A New Standstill Position Detection Technique for Nonsalient Permanent-Magnet Synchronous Motors Using the Magnetic Anisotropy Method*, IEEE Transactions on Magnetics, Vol. 43, No. 2, pp. 554-560, February, 2007.

(Plestan, 2007) F. Plestan, A. Glumineau and G. J. Bazani. *New robust position control of a synchronous motor by high order sliding mode*, IEEE Conference on Decision and Control, New Orleans, Louisiana, USA, 2007.

(Plestan, 2008) F. Plestan, A. Glumineau and S. Laghrouche. *A new algoritm for high order sliding mode control*, International Journal of Robust and Nonlinear Control, Vol. 18, No. 4-5, pp. 441-453, 2008.

(Rahman, 2010) Gilbert Foo and M. F. Rahman. *Sensorless Sliding-Mode MTPA Control of an IPM Synchronous Motor Drive Using a Sliding-Mode Observer and HF Signal*

Injection, IEEE Transactions on Industrial Electronics, Vol. 57, No. 4, pp. 1270-1278, April, 2010.

(Rashed, 2007) Mohamed Rashed, Peter F. A. MacConnell, A. Fraser Stronach, and Paul Acarnley. *Sensorless Indirect-Rotor-Field-Orientation Speed Control of a Permanent-Magnet Synchronous Motor With Stator-Resistance Estimation*, IEEE Transactions on Industrial Electronics, Vol. 54, No. 3, pp. 1664-1675, June, 2007.

(Seok, 2006) Jul-Ki Seok, Jong-Kun Lee, and Dong-Choon Lee. *Sensorless Speed Control of Nonsalient Permanent-Magnet Synchronous Motor Using Rotor-Position-Tracking PI Controller*, IEEE Transactions on Industrial Electronics, Vol. 53, No. 2, April, 2006.

(Song, 2006) Zhengqiang Song, Zhijian Hou, Chuanwen Jiang and Xuehao Wei. *Sensorless control of surface permanent magnet synchronous motor using a new method*, Energy Conversion and Management, Vol.47, pp. 2451Ũ2460, September, 2006.

(Traore, 2008) D. Traore. *Commande non linéaire sans capteur de la machine asynchrone*, Thèse de doctorat, École Centrale de Nantes, Septembre 2008.

(Uddin, 2002) M. Nasir Uddin, Tawfik S. Radwan and M. Azizur Rahman. *Performance of Interior Permanent Magnet Motor Drive Over Wide Speed Range*, IEEE Transactions on Energy Conversion, Vol. 17, No. 1, March, 2002.

(Underwood, 2006) Samuel J. Underwood, *On-line parameter estimation and adaptive control of permanent magnet synchronous machines*, University of Akron, Akron, 2006.

(Utkin, 1992) V.I. Utkin. *Sliding mode in control and optimization*, Springer-Verlag, Berlin, 1992.

(Vaclavek, 2007) Pavel Vaclavek and Petr Blaha, *Synchronous Machine Drive Observability Analysis for Sensorless Control Design*, 16th. IFAC World Congress, Singapore, 1-3 Octobre, 2007.

(Vas, 1998) Peter Vas. *Sensor less vector control and direct torque control*, Oxford university press, 1998.

(Vasilios, 2008) C. Ilioudis Vasilios and I. Margaris Nikolaos. *PMSM Sliding Mode Observer for Speed and Position Estimation Using Modified Back EMF*, 13th Power Electronics and Motion Control Conference, EPE-PEMC, pp. 1105 - 1110 , Poznan, 1-3 Sept., 2008.

(Vasilios, 2009) C. Ilioudis Vasilios and I. Margaris Nikolaos. *Sensorless Sliding Mode Observer Based on Rotor Position Error for Salient-Pole PMSM*, 17th Mediterranean Conference on Control & Automation Makedonia Palace, Thessaloniki, Greece, 24-26 June, 2009.

(Wallmark, 2005) Oskar Wallmark, Lennart Harnefors and Ola Carlson. *An Improved Speed and Position Estimator for Salient Permanent-Magnet Synchronous Motors*, IEEE Transactions on Industrial Electronics, Vol. 52, No. 1, pp. 255-262, February, 2005.

(Web)   *www2.irccyn.ec-nantes.fr/bancessai.*

(Xu, 2003) Zhuang Xu and M.F. Rahman. *Sensorless sliding mode control of an interior permanent magnet synchronous motor based on extended kalman filter,* 5th International Conference on Power Electronics and Drive Systems, PEDS, Vol. 1, pp. 722-727, 17-20 Nov., 2003.

(Yan, 2002) Zhang Yan and V. Utkin. *Sliding mode observers for electric machines - An Overview,* 8th IEEE Annual Conference of the Industrial Electronics Society, IECON, Vol.1, pp. 1842-1847, 5-8 Nov., 2002.

(Yang, 2008) Junyou Yang and Chunxin Song. *Sensorless Control of Surface Permanent Magnet Synchronous Motor at Low Speed,* International Conference on Electrical Machines and Systems, ICEMS, pp. 1621-1624, Wuhan, 17-20 Oct., 2008.

(Yongdong, 2008) Li Yongdong and Zhu Hao. *Sensorless Control of Permanent Magnet Synchronous Motor-A Survey,* IEEE Vehicle Power and Propulsion Conference (VPPC), Harbin, China, 3-5 September, 2008.

(Zaltni, 2010) D. Zaltni, M. Ghanes, J. P. Barbot and M. N. Abdelkrim. *A HOSM Observer with an Improved Zero-speed Position Estimation Design for Surface PMSM Sensor-less Control* , 2010 IEEE International Conference on Control Applications, Part of 2010 IEEE Multi-Conference on Systems and Control Yokohama, Japan, September 8-10, 2010.

(Zhang, 2002) Q. Zhang. *Adaptive observers for MIMO linear time-varying systems,* IEEE Transactions On Automatic Control, Vol. 47, No. 3 pp. 525-529, 2002.

(Zhao, 2007) Sheng Zhao and Xiafu Peng. *A Modified Direct Torque Control Using Space Vector Modulation (DTC-SVM) for Surface Permanent Magnet Synchronous Machine (PMSM) with Modified 4-order Sliding Mode Observer,* Proceedings of IEEE International Conference on Mechatronics and Automation, Harbin, China, 5-8 August, 2007.

(Zheng, 2007) Zedong Zheng, Maurice Fadel, and Yongdong Li. *High Performance PMSM Sensorless Control with Load Torque Observation,* The International Conference on Computer as a Tool, EUROCON, pp. 1851-1855, Warsaw, 9-12 September, 2007.

Commande non linéaire sans capteur de la machine synchrone à aimants permanents

Résumé

La machine synchrone à aimants permanents, comparée aux autres machines électriques, est très présente dans les applications industrielles de type contrôle de mouvement, et ceci en raison de sa compacité, sa faible inertie, son rendement, sa robustesse, sa puissance massique élevée et sa simplicité de commande avec capteur mécanique. Cependant, la commande sans capteur de cette machine est toujours un problème difficile à cause des problèmes de perte d'observabilité. Le but de cette thèse est de proposer des lois de commande sans capteur mécanique pour la machine synchrone à aimants permanents. Plusieurs observateurs dont deux à modes glissants d'ordre un (un basé sur la F.E.M. et l'autre basé sur le modèle complet), un observateur super twisting et un observateur adaptatif interconnecté ont été élaborés.

Plusieurs lois de commande non linéaire ont été conçues : de type modes glissants d'ordre supérieur à trajectoire pré-calculée, de type backstepping et de type mode glissant d'ordre supérieur quasi-continue. La stabilité globale de l'ensemble " Commande+Observateur " de chaque cas a été montrée. Chaque cas a été validé sur le benchmark "Commande sans capteur mécanique" du groupe de travail inter-GDR « Commande des Systèmes Électriques ».

Mots-clés : Machine synchrone à aimants permanents, observateur non linéaire, commande non linéaire, commande sans capteur

Sensorless nonlinear control of a permanent magnet synchronous motor

Résumé

The permanent magnet synchronous motor when compared to other electric machines, is very present in motion control industrial applications. This is mainly because of its compactness, low inertia, dynamics performances, robustness, power density and simplicity of operation with mechanical sensor. However, sensorless control of this machine is always a difficult problem because of the observability loss problem. The aim of this thesis is to propose control laws for mechanical sensorless permanent magnet synchronous machine. Several observers, including a two order sliding mode observer (one based on the EMF and the other based on the full model), a super-twisting observer and an adaptive observer interconnected, were developed.

Several nonlinear control laws were designed: higher order sliding mode control with pre-determined trajectory, sliding mode higher-order quasi-continuous and backstepping control. The overall stability of the whole "Command + Observer" was shown in each case. Each case has also been validated on the benchmark "Control without mechanical sensor" of the Inter-GDR group "Control of Electrical Systems".

Keywords: Permanent magnet synchronous machine, nonlinear observers, nonlinear controller, sensorless control